今日から
モノ知り
シリーズ

トコトンやさしい

異常気象の本

地球温暖化に伴う気候変動の影響から、甚大な災害が発生するリスクが懸念されています。急激に変化しつつある気象を異常気象という観点から見つめなおし、しっかり備えましょう。

一般財団法人日本気象協会 編

B&Tブックス
日刊工業新聞社

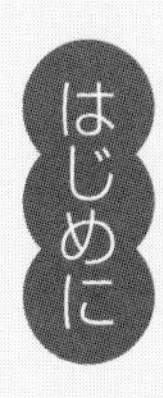

近年、日本では1時間降水量が50ミリ以上の非常に激しい雨が各地で頻発するなど、雨の降り方が極端化、激甚化しています。世界に目をむけると、猛暑や干ばつ、洪水の多発、ハリケーンの強大化など、着実に進んでいる地球温暖化が気候に与える影響が顕在化しています。今後、地球温暖化に伴う気候変動の影響により、より強大化した台風や集中豪雨等による甚大な災害が発生するリスクが懸念されています。気象庁では「これまでに経験したことのない大雨」への備えを求める機会が増えています。

気象は私たちの生活や社会活動に大きな影響を及ぼします。このように、急激に変化しつつある気象を「異常気象」という観点から見つめなおし、異常気象をよく知り、異常気象多発時代に向き合い、異常気象にしっかり備えるために本書を執筆することにしました。本書では厳密な異常気象の定義だけでは示されない、地球温暖化に伴う気候変動の影響も幅広く異常気象として扱っています。

第1章では異常気象と地球温暖化について顕著なトピックをとりあげています。第2章から第6章までは、雨・風・気温・雪・海などの気象現象別に、顕著な気象災害の解説と近年の気象災害事例をとりまとめています。第7章では異常気象への備えとして、日ごろの生活や社会活動で役立つ情報をとりまとめています。第8章では今後特に懸念される地球温暖化に伴う気候変動への備えとして、具体的な緩和策と適応策を地球温暖化への挑戦としてとりまとめています。各章の最後にはコラムとして、知っておくと役に立つ読み物を掲載しています。
本書は右ページに解説文、左ページにイラストや用語解説を示し、見開きでひとつのトピックをわかりやすく説明しています。解説文では気象用語などの専門用語をできるだけわかりやすい言葉で説明しています。気象関係の図表類は専門的で難しいものが多いのですが、本書ではできるだけイラスト化するとともに、私たちがインターネットなどで日ごろから接することのできる図表を引用するように心がけました。
「異常気象の本」と堅苦しいタイトルですが、気象に関心のある一般の方々から、これから気象を勉強しようとする学生、さらには、社会活動で気象と接する機会の多い企業の方々などに幅広くお読みいただき、少しでも異常気象への備えが進むことを願っております。

2017年2月

鈴木 靖

※本書で紹介しているデータは、2016年11月時点のものです。

トコトンやさしい

異常気象の本

目次

第1章 異常気象とは

第2章 雨の異常気象

第3章 風の異常気象

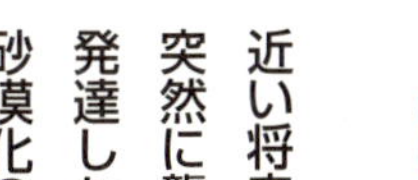

第4章 気温の異常気象

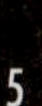

第5章 雪の異常気象

第6章 海の異常気象

第7章 異常気象から身を守る

第8章 地球温暖化への挑戦

第1章

異常気象とは

1 異常気象とはどんな気象？

東京の気温上昇と熱帯夜の顕著な増加から気象を考える

最近は顕著な大雨・大雪、熱波・寒波などの極端な気象現象が世界的に増えています。今では、異常気象という言葉が珍しくなくなっていますが、もともとはどんな気象現象をいうのでしょうか。

気象庁の資料によると異常気象とは、気象や気候がその平均的状態から大きくずれて、その地域や時期には平常的には現れない現象または状態のこと、とされています。この平均的状態を定める統計期間として、気象庁をはじめとする世界の気象機関は30年間を採用しており、10年ごとに平年値を発表しています。異常気象とは30年間に1回以下のかなりまれな気象現象のことを指します。

例えば、東京の気温の長期変化を調べると、平均気温は確実に上昇し、上昇量は１００年間で約３℃です。日最高気温よりも日最低気温の上昇が顕著であることがわかります。これは、東京の都市化によるヒートアイランド現象と、地球温暖化による地球規模の気温上昇の両者の効果が相乗されたものです。10年ごとに改定される東京の平均気温の平年値は、１９５０年（統計期間は１９２１年から１９５０年）の14・３℃から２０１０年の16・３℃へと、平年値そのものが上昇しています。異常気象の基本となる平年値そのものが変化し、数十年前の異常気象現象は、最近の平年値をもとにすると、日常的に発生する頻度が増えていることに気をつける必要があります。

その極端な例が東京における熱帯夜日数の変化です。熱帯夜とは1日の最低気温が25℃以上の夜のことをいいます。１９５０年以前は年間10日弱の出現でしたが、２０１０年には50日以上の発生頻度となっています。ヒートアイランド現象や地球温暖化の影響も加わり、東京などの都市部では大きな環境変化が見られています。厳密な異常気象の定義だけでは示されない、このような地球温暖化の影響なども本書では幅広く異常気象として扱っています。

要点BOX

- 異常気象とは30年間に1回以下しか発生しない、かなりまれな気象現象と定義されている
- 平年値そのものも変化している

東京の気温の変化

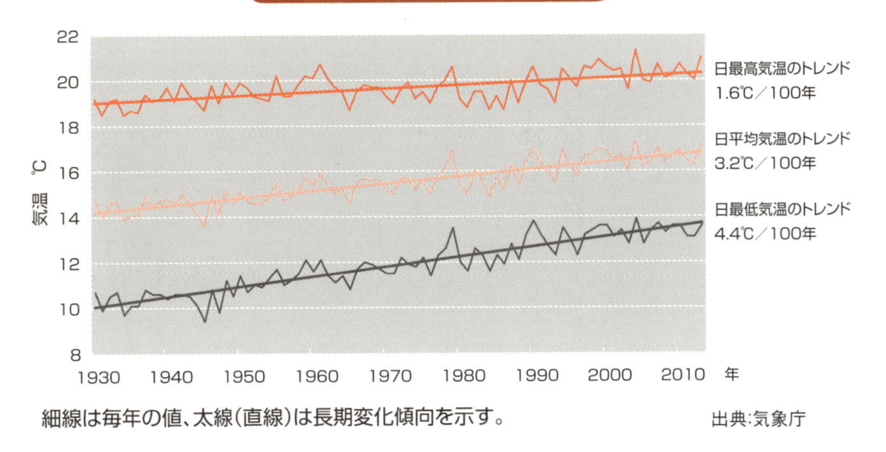

細線は毎年の値、太線（直線）は長期変化傾向を示す。

出典:気象庁

東京の熱帯夜日数の変化

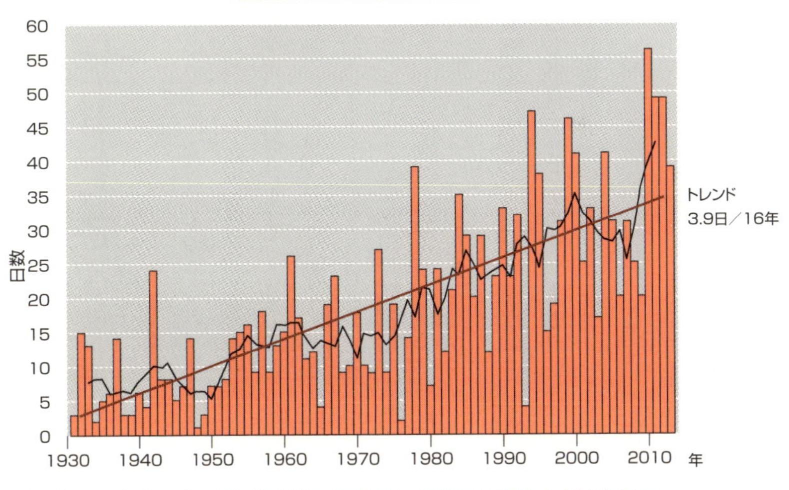

棒グラフは毎年の値、折れ線は5年移動平均、直線は長期変化傾向を示す。

出典:気象庁

用語解説

平年値：気象の観測値について30年間平均した値。気象庁では10年毎に平年値を更新している。
ヒートアイランド：都市の気温が周囲よりも高くなる現象。

2 太陽放射は大気の運動のエネルギー源

太陽放射と地球のエネルギーバランスが気象を決める

大気の運動のもととなるエネルギー源は太陽放射です。地球の大気上端に太陽光に直交する板を置いた場合、太陽から受ける放射エネルギーは約1366W／㎡でほぼ一定です。太陽黒点の活動などにより変化していますが、変化量は0・1％程度です。

地球全体に入射する太陽放射は、地球が球面であることから、平均で341W／㎡です。このうち79W／㎡（23％）は雲やエアロゾル等による反射と散乱で宇宙にもどります。また、23W／㎡（7％）は地表面による反射で宇宙にもどります。これらの合計30％は太陽放射が直接宇宙空間にもどる割合で、アルベド（反射能）といわれています。地表面による吸収量は161W／㎡、大気による吸収量は78W／㎡です。

地表面での長波放射は396W／㎡の放射と333W／㎡の吸収があり、そのほか陸面や水面からの水の蒸発、植物の葉からの蒸発散、地表面と大気との温度差による顕熱輸送があります。

大気中の長波放射は、地表からの窓領域の放射、雲からの放射、大気からの放射を合わせて計239W／㎡が宇宙に放射されます。これと宇宙への短波放射102W／㎡を足すと、入射する太陽放射とバランスがとれています。CO_2をはじめとする温室効果ガスが増えると下向きの長波放射が増え、地表面での熱収支バランスが崩れて地表面の温度が上昇することになります。

地表面でのエネルギー収支は緯度によって異なっています。低緯度の赤道付近では、地表面が吸収するエネルギーが放射するエネルギーを上回っています。しかし、高緯度地域では逆転し、地球から出ていく放射エネルギーの方が大きくなります。エネルギー分布を平滑化するために、低緯度から高緯度へエネルギーを輸送する必要があり、それが大気や海洋の運動を引き起こします。台風も低緯度から高緯度へ熱を輸送する仕組みのひとつです。

要点BOX
- ●気象の変化には、地球のエネルギー収支、雲・エアロゾル・地表面アルベドが重要
- ●CO_2増加は長波放射のバランスを崩す

地球全体のエネルギー収支

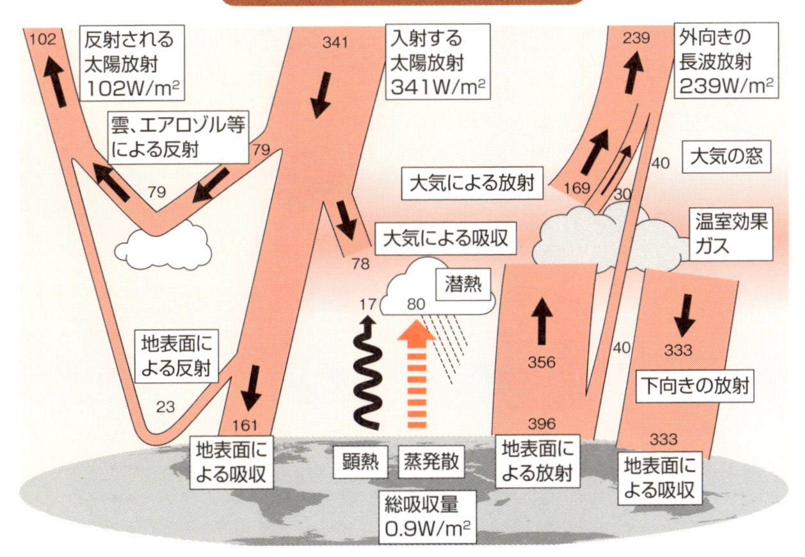

出典:Trenberth et. al(2009)
Trenberth KE,Fasullo JT,Kiehl J.2009.Earth's global energy budget.Bull.Am.Meteorol. Soc.90:311-323.

各緯度における地球が吸収する太陽エネルギーと地球から出ていく放射量の比較

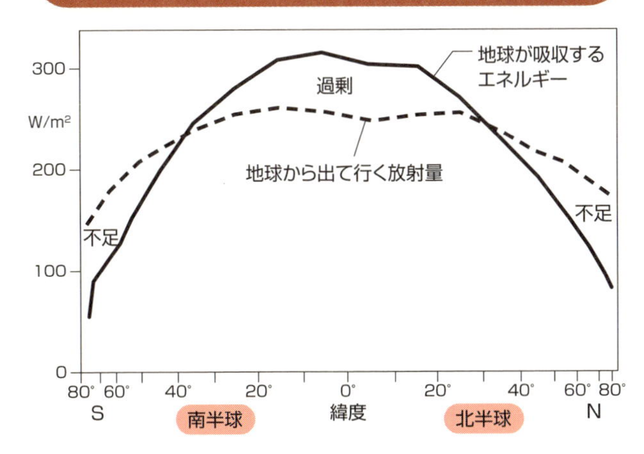

出典:Vonder Haar Suomi,science,vol.163,667-668,1969.

用語解説

長波放射と短波放射：地球や太陽などが放射する電磁波のうち、その波長の大半が赤外線領域のものを長波放射、波長の短いX線や紫外線を含んでいるものを短波放射という。

顕熱輸送：熱が温度変化のみによって輸送(移動)すること。潜熱輸送は、水が氷になるなど形をかえて熱が輸送すること。

3 私たちの社会生活が気候を変える？

気候の自然変動と人為起源変動

気候変動の原因は、人間が活動することに由来する成分（人為起源）と地球の活動に由来する成分（自然起源）に区分することができます。人為起源と自然起源にはどのようなものが含まれるのでしょうか。

人類は産業革命を契機として化石燃料を燃焼させることで、生活の便利さ、活発な経済活動を実現してきました。このような活動により発生したCO_2などの温室効果ガスが地球温暖化に寄与するものとして、人為起源と定義されます。具体的には、発電、工場、運輸、商業や家庭、さらに工業、廃棄物、農業などの活動が人為起源とされています。

一方で、自然起源とは、大気と海洋と陸面とで生じる数年から数百年の時間スケールでの相互作用や、火山や太陽の活動などに起因する気温変化として定義されます。

地球温暖化の対策には、これらの成分がどのような影響を及ぼしているのかを定量的に推定することが必要となります。

そのため、地球温暖化の研究者は、気候予測モデルなどを活用することで二つの成分の寄与を定量的に評価しようとしてきました。

つまり、気候予測モデルを用いることで、過去の気温変化の再現と、将来の地球温暖化の予測を行ってきました。そして、これらの結果から、自然変動による気温の変動幅を推定し、その幅を大きく超える温暖化が人為起源で生じていることを表現することを試みてきました。

２０１４年に公表されたＩＰＣＣ第５次評価報告書では、自然起源だけで人為起源を考慮しない場合と自然起源と人為起源のどちらも考慮した場合で、過去からの気温変動を数値計算した結果を掲載しています。それによると、20世紀の気温の上昇は人為起源の影響がかなり高いことが定量的に表現されています。

●自然と人為起源の地球温暖化効果が果たしてきた役割
●現在の地球温暖化には人為起源の影響が大

人為起源と自然起源

用語解説

IPCC：Intergovernmental Panel on Climate Change（気候変動に関する政府間パネル）の略。国際的な専門家でつくる、地球温暖化についての科学的な研究の収集、整理のための政府間機構のこと。

IPCC（第5次評価）報告書：IPCCが発行する地球温暖化を評価する報告書。

4 大気の組成変化が気候変動をもたらす

温室効果ガスの種類

温室効果ガスは、赤外線を吸収、放出する性質を有する気体の総称です。

太陽からは短波放射が入射し、それを大気や雲、地面が長波放射しています。その長波放射を温室効果ガスは吸収し、それ自身の温度に見合った放射を行っています。これにより、地球全体をあたかも布団のように覆い温めているという例えがされることがあります。温室効果ガスが大気中に存在しないとしたら、地球の表面の温度は、マイナス19℃になるであろうと試算されています。

仮にそのような環境では、現在の多くの生物が地球上に存在することは容易ではなかったでしょう。現実には温室効果ガスが大気中に存在することで地球の平均気温が約14℃に保たれ、多くの生物種が繁栄することができています。

では、どのような気体が温室効果ガスとして定義されているのでしょうか?

みなさんがよく知っている温室効果ガスは、CO_2かもしれません。それ以外にもCH_4（メタン）、N_2O（一酸化二窒素）、フロン類が温室効果ガスとして知られています。それぞれの温室効果ガスには、地球温暖化係数（GWP：Global Warming Potential）が算定されています。これは、それぞれのガスがどの程度の地球温暖化に寄与する能力があるのかを数値化したもので、CO_2を基準（＝1）として表現します。

しかし、このGWPはIPCCの報告書が発行されるたびに変更され、どの時点でのGWPを使用するのかによって気球温暖化の予測が異なります。このように、地球温暖化に関する科学的な議論は日々進歩しているため、最新の情報を確認することが大切です。

要点BOX

- ●温室効果ガスにはいくつかの種類がある
- ●人為起源の温室効果ガスの種類によって地球温暖化への影響が異なる＝温暖化係数

温室効果ガスに地球が包まれると暑さが増す

IPCC報告書での主な温室効果ガスのGWP変化

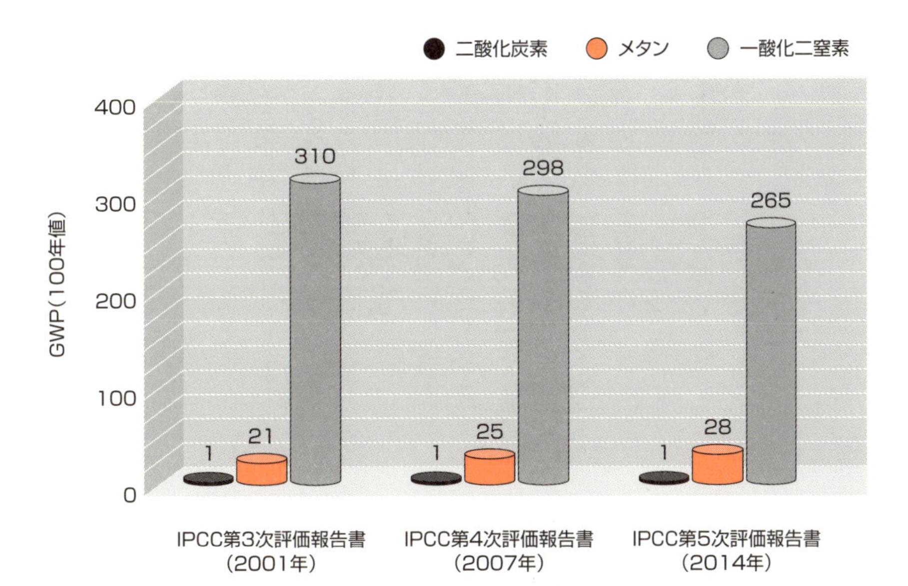

出典:IPCC,第5次評価報告書

5 地球温暖化は本当に進行しているのか

温暖化懐疑論

地球温暖化は進行しているのでしょうか？ 答えは、進行している、あるいは進行していないの二者択一で、客観的な証拠に基づいた説明が必要です。

大気中の温室効果ガスにより、地球の表面温度が保たれているといわれていますが、温室効果ガスが存在しない地球を見た人は誰もいません。火星などの他の惑星の状況や数値シミュレーションによる評価から、地球温暖化は十分に確からしいと判断したうえで説明がされています。では地球温暖化の議論では確からしさをどのように説明するのでしょうか。

ＩＰＣＣ報告書は、世界中の観測、研究成果に基づき、地球温暖化が進行していることを定量的に説明しています。しかし、地球温暖化を説明する観測、研究の数には限りがあり、太陽や地球の活動の変動を考慮したうえで、確からしさを担保するにはさらなる研究が必要であることは間違いないでしょう。

一方で、地球温暖化が進行していないことを説明するにはどのようにすればよいでしょうか？

ＩＰＣＣ報告書に代表される「進行している」根拠を否定することはひとつの考え方でしょう。ここで、注意が必要なのはＩＰＣＣ報告書が、すでに述べたように、世界中の観測、研究成果に基づき作成されていることです。つまり、地球温暖化に懐疑的な研究成果も踏まえてＩＰＣＣ報告書が作成されていることを理解しておく必要があります。実際に、観測データが不足していることなど、確からしさを完全に担保できないことはＩＰＣＣ報告書でも述べられています。

このように地球温暖化に関する議論には多くの不確かさが残ります。近年では、地球温暖化に関する情報をインターネットなどから容易に取得できるようになりました。地球温暖化に関する研究成果が日々進歩するなかで、どの情報が客観的に確からしいのか判断するのはみなさんです。そのためには、情報の背景となるデータなどを理解することが大切です。

要点BOX

- 地球温暖化の進行に疑問を示す研究者もいる
- 地球温暖化懐疑論では、これまでの知見や実情を無視するかのような議論も散見される

多くの情報から確からしい情報を選ぶ

これまでのIPCC報告書

出典：IPCC

6 地球上の気温はこれまでどう変化したのか

気温の歴史的変化

日本の気象庁は、誰もが正しく気象観測できることで、そのデータを統一的に活用できるよう「気象観測の手引き」を公表しています。この中で、気温は観測場所の周辺の建物や植生の影響を受けやすいので、開けた平らな場所に温度計を設置して観測を行う必要があると述べられています。

日本の近代的な気象観測は明治になって開始されました。日本で均質的なデータを取得できるようになったのは、1898年以降のデータからとなります。2016年の日本の年平均気温は、1898年以降に観測を継続し、都市化による影響が少なく、特定の地域に偏らないように選定された15地点の月平均気温データが用いられています。

世界の平均気温は、気候変動を監視する観測ネットワークのデータや数値解析による海面水温データ等を用いて算出されます。これは、陸と海に比熱の違いがあるためです。北半球に陸域が多く、南半球に海域が多いことから、それぞれの年平均気温を算出すると、長期的な気温変化の傾向に違いがみられます。一方で、年平均気温の変化傾向には共通性があり、1891年から2015年の期間に年平均気温の上昇がみられます。しかし、その割合は海上より陸上、さらに北半球の高緯度地域で大きい傾向があります。

このように地球温暖化を定量的に確認するには、数年のような短期的な評価ではなく、均質に統計可能な観測値に基づく長期的な評価が欠かせません。

数百～千年前の気候はどうだったのでしょうか？みなさんの周りには過去の気候を知る情報が多く存在します。樹木の生長が気温に影響されるため年輪幅は大きな情報源ですし、年輪部に含まれるセルロースからもその酸素同位体の比率が降水量の傾向のヒントになります。また、古文書の記述も重要で、例えば、日本の戦国時代の小氷期を推定した研究成果も報告されています。

要点BOX

- ●連続的に正しく観測された均質な気象データを統計することで地球温暖化の進行を知る
- ●北半球高緯度地域では100年間の気温が上昇

年平均気温の長期変化傾向

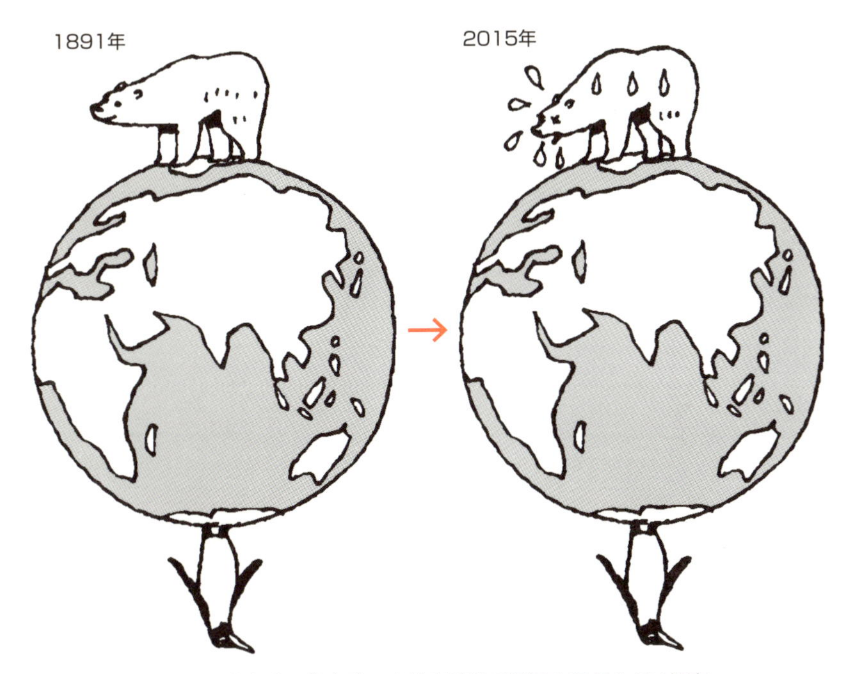

北半球の北半球の高緯度地域で気温上昇が大きい傾向

古気候の推定

7 減り続ける北極海やグリーンランドの氷

海氷や氷床の変化による気候への影響

北極海や南極大陸周辺には海水が凍ってできた氷（海氷）が浮かんでいて、季節によって増減を繰り返しています。その海氷の面積が1979～2013年にわたって長期的にどう変動しているか調べた結果、南極ではわずかに増加しています。しかし、北極では明らかな減少傾向で、北極と南極を合わせた世界全体でみると減少傾向になります。海氷が減って海面が見えるようになると、太陽光を反射しやすい白い海氷が減って太陽の熱が吸収されやすくなり、氷より暖かい海水が大気に触れるので、大気が暖められて海氷の減少をさらに加速させると考えられています。

将来の気候変動の予測結果によると、温暖化対策を行わなかった場合、21世紀半ばには毎年9月に北極海の海氷がほぼなくなると予測されています。海氷ができると塩分が排出されて塩分の多い「重い」海水が生まれ、それが沈むことで海水を循環させる働きもあります。海氷の減少が海の中の循環を鈍らせ、世界の気候に何らかの影響を与えることが考えられます。

また、広く陸上を覆い厚さ1000m以上にも及ぶ氷（氷床）も過去に比べて減少してきているといわれています。現在、氷床と呼ばれるものは南極大陸とグリーンランドにのみ存在しますが、特にグリーンランドの氷床の減少が顕著です。氷床が減少すると地面が露出して太陽熱が吸収されやすくなることと、氷床が溶けて表面の高度が下がることで氷床表面の気温が上がる（山の上など標高の高いところほど気温が低い）ので、海氷と同様にその減少が加速されると考えられています。

最近問題となっている海面水位の上昇は、地球温暖化で暖かくなった海水の膨張が主な原因といわれていますが、陸上の氷床が融けて海に流れ込むことも海面水位を上昇させる大きな要因になります。

要点BOX

- 北極海やグリーンランドを覆う氷の減少によって、地球の温暖化はさらに加速する
- 氷床の融解と海水の膨張で海面が上昇する

北極域(上)と南極域(下)の海氷域面積の変化

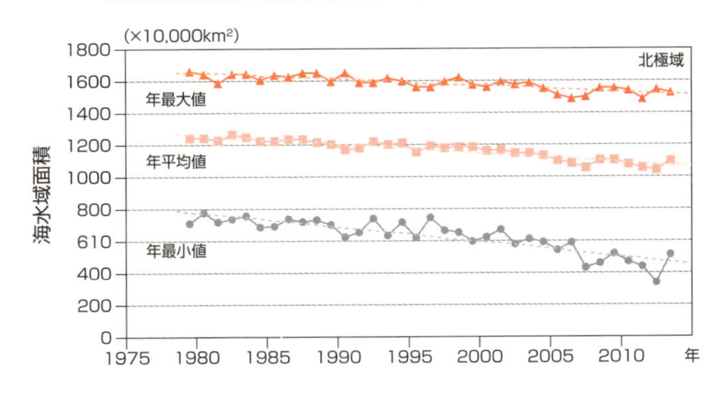

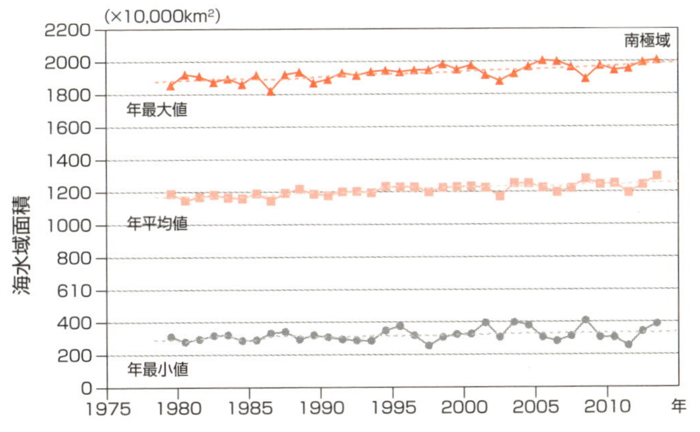

出典:気象庁

10年間の南極大陸とグリーンランドの氷の減少

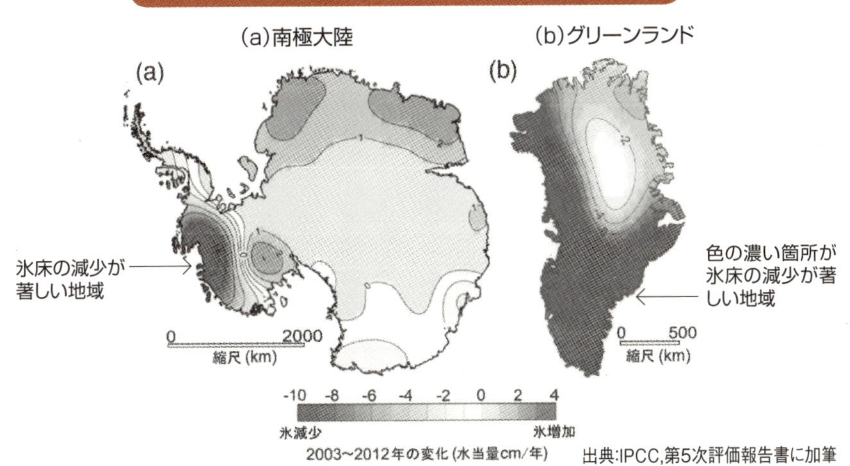

出典:IPCC,第5次評価報告書に加筆

8 21世紀末は極端現象が極端でなくなる

地球温暖化に伴う気象の極端現象の増加

極端現象とは高温や低温、大雨などが、ある基準を超えるほど極端な現象を指します。言葉としては異常気象に近いですが、厳密な定義はありません。日本では、大雨や高温といった極端現象による水害や土砂災害、熱中症などの被害が増えつつあります。

1日の降水量が100ミリ以上の大雨の回数を例にとると、日本では近年増加傾向になっています。また、1時間に何十ミリも降るような激しい雨の頻度が増加しているデータもあります。過去100年間の日本の年降水量はほぼ横ばいといわれていますので、年降水量に対する、大雨の占める割合が増えていることになります。これらは、地球温暖化で大気の温度が上がり、大気が含むことができる水蒸気の量が増えたことが主な原因と考えられています。

2000〜2013年の間で、日最低気温が25℃以上で気温が高いまま下がらない「熱帯夜」に、日最高気温が35℃以上のいわゆる「猛暑日」といった非常に暑い「酷暑」が増えています。その結果、熱中症患者も2010年からぐんと増えています。なお、異常低温が観測される日は逆に減っています。

このような大雨や異常高温といった極端な現象の頻度や強度は、地域差はあるものの世界的には増加傾向にあります。気候の将来予測によれば、極端な高温や大雨の頻度は21世紀末までに世界的に増加すると予測されています。大雨は特に中緯度の陸域の大部分と熱帯地域で強度、頻度ともに増す可能性が非常に高いと予測されています。日本では年降水量がおおむね5%程度増加し、短時間に降る大雨や強雨も増加するという予測結果もあります。さらに日本付近では、これまで以上に強い台風が増えることも予想されています。

要点BOX

- 温暖化の影響で大雨、異常高温などの極端現象が増加している
- 予測では21世紀末には極端現象が急増する

日本で徐々に増加する大雨の頻度（日降水量100ミリ以上の日数）

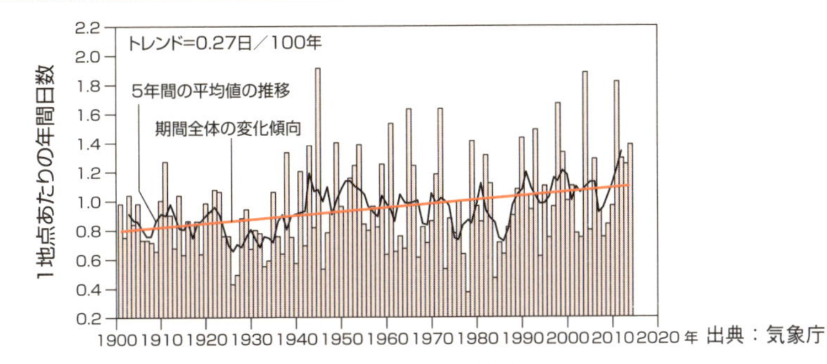

出典：気象庁

酷暑と熱中症患者の増加

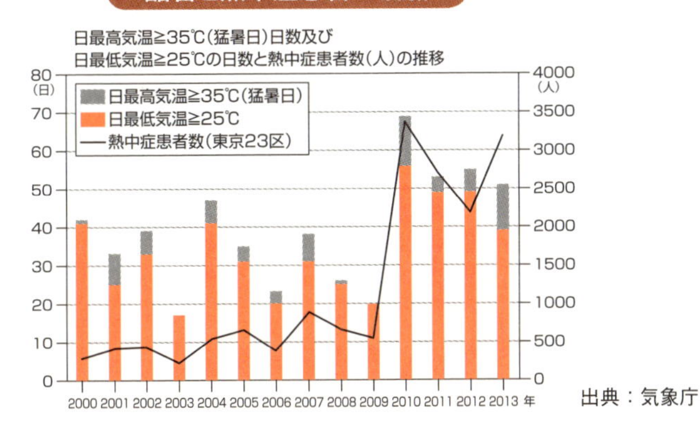

出典：気象庁

気候変動に関する政府間パネル（IPCC）による極端現象が増加している可能性と将来の予測

現象及び変化傾向	1950年以降起こっている可能性	21世紀末の予測
寒い日や寒い夜の頻度減少や昇温	可能性が非常に高い	ほぼ確実
暑い日や暑い夜の頻度増加や昇温	可能性が非常に高い	ほぼ確実
高温/熱波の頻度や持続期間が増加	可能性が高い	可能性が非常に高い
大雨の頻度、強度、降水量が増加	可能性が高い	地域によって可能性が非常に高い
干ばつの強度や持続期間が増加	確信度が低いが、地域による	可能性が高い
強い熱帯低気圧(台風)の活動度が増加	確信度が低い	北西太平洋と北大西洋で可能性あり

出典:IPCC,第5次評価報告書

用語解説

異常気象と極端現象：気象庁の定義では、異常気象とは30年に1度以下のめったに起こらないような大雨、強風、高温や低温、冷夏、少雨などの現象。極端現象も普段みられないような現象を指すが、「日降水量100ミリ以上の大雨」のような毎年起こりうるような現象も含む。

降水量と雨量：降水量は大気から地表に落ちた水、氷、雪の量をmmで表記したもの。そのうち水だけを雨量と呼ぶ。

9 大規模な火山噴火が大きな気候変動をもたらす

火山噴火による気象への影響

人間活動にともなうCO_2の増加がもたらす地球温暖化による気候の変動以外に、自然現象が原因で起こる気候変動もあります。その中でも火山噴火は突発的に発生し、世界中の気象に大きな影響を及ぼします。

では、火山噴火はどのように世界の気象へ影響を及ぼすのでしょうか？噴火といえば、空を覆う火山灰を想像するでしょう。確かに、大規模な噴火が起きると、大量の火山灰が大気を漂うことになりますが、火山灰は数日から数週間の間に地上に落下します。

実は、噴火による世界的な気象への影響には、SO_2という火山ガスが重要な役割を果たしています。成層圏まで噴き上げられたSO_2は、水と反応して1マイクロメートル（1㎜の1000分の1）以下の微粒子（エアロゾル）になります。それが長い間大気中を漂って高度約20㎞で地球全体に広がり、太陽光の一部を遮って世界的に気温を低下させるのです。大規模な噴火では、エアロゾルの濃度が噴火前の状態に戻るのに2～3年かかります。大気の濁り具合を示す大気混濁係数の年変化では、大きな火山噴火のたびにエアロゾルが増加して、2～3年にわたって大気が濁っている様子がわかります。

大規模な噴火は、そのたびに広い範囲で気象に影響を及ぼしてきました。歴史的に見ると、1783年のアイスランドのラキ山の噴火では、ヨーロッパで記録的高温の夏に続き、非常に寒い冬をもたらしました。日本でも冷害となり、浅間山の噴火も重なり、天明の大飢饉をもたらした可能性があるといわれています。

近年では、1991年のフィリピンのピナトゥボ山の噴火が最大1年間にわたって地球の温度を約0・5℃低下させました。一方、1980年のアメリカのセントヘレンズ山の噴火は、大規模でしたが、成層圏にはほとんどSO_2を放出しなかったので、世界的な気象への影響は観測されませんでした。

要点BOX

- ●火山の大規模噴火は気温の低下をもたらす
- ●火山ガスに含まれる大量のSO_2が大気を漂い、大気中に微粒子を作り太陽光を遮る

火山の大規模噴火による気候への影響

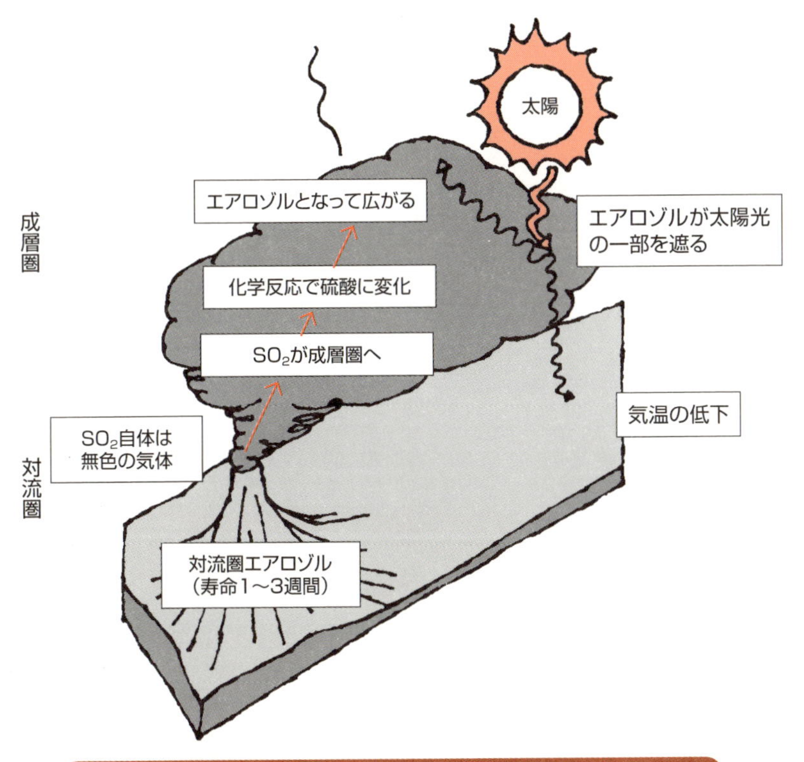

大規模噴火による大気の濁り具合（大気混濁係数）の変化

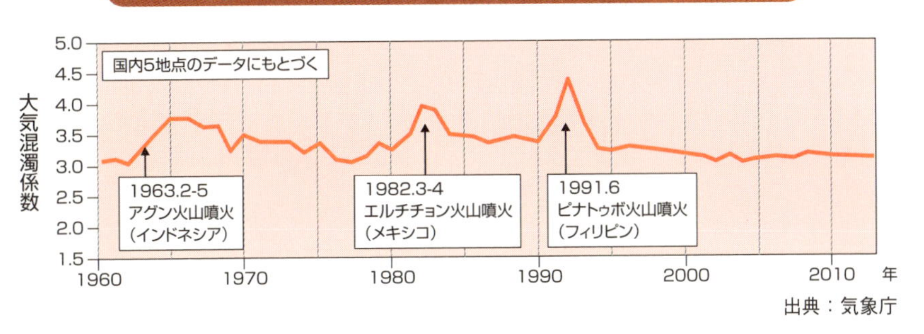

出典：気象庁

用語解説

SO_2：二酸化硫黄。刺激臭を有する気体で、別名亜硫酸ガスとも呼ばれる。火山活動や工業活動により産出されます。呼吸器を刺激して、せき、気管支喘息、気管支炎などの障害を引き起こします。
成層圏：雲や雨ができる対流圏の上の高度10数km〜50kmにある大気の層。対流圏とは逆に気温が高さとともに上昇します。
エアロゾル：大気中に浮遊する固体または液体の微粒子。エーロゾルともいいます。雲粒や雨粒はエアロゾルを核として生成されます。

10 ペルー沖のイワシ漁が日本の気象を占う?

エルニーニョとラニーニャ

南米ペルー沖の東太平洋赤道付近では、栄養豊富な冷たい海水が深海から湧き上がっているため、世界有数のアンチョビー（カタクチイワシの一種）の漁場となっています。ところが数年に一度、その海域の海面水温が通常より高い状態が半年から1年以上も続き、長い間アンチョビーが不漁になってしまうことがあります。この海面水温の上昇が、太平洋中央部から東部の赤道付近全域で発生する大規模な現象（エルニーニョ）として、世界的な気象に影響していることがわかってきました。

では、エルニーニョによる海面水温の上昇はどの程度でしょうか。気象庁では東太平洋の赤道付近の海域について、海面水温が過去30年間の平均値と比べてどれくらい高い、または低いかを監視しています。海面水温が高い期間がエルニーニョが起こっている状態、逆に海面水温が低い状態がラニーニャと呼ばれています。エルニーニョが起こると、ピーク時で通常より1～2℃程度、最も海面水温が高かった1997～98年のエルニーニョでは3℃以上、過去の平均値より高くなっていることがわかります。

エルニーニョが発生していない年は、主に太平洋の西側の方の海面水温が高く、それによって大気が暖められて、主に太平洋の西側で積乱雲が盛んに発生・発達（対流活動といいます）します。ラニーニャの年は対流活動がさらに活発になります。一方、エルニーニョの年はいつもより太平洋のやや東側で対流活動が活発になります。その違いが巡り巡って日本付近の気象にも大きな影響を与え、エルニーニョの年は冷夏や暖冬、ラニーニャの年はそれとは逆に暑い夏や寒い冬になる傾向となります。

エルニーニョやラニーニャは、大気と海洋が相互に影響し合うことで起こっていると考えられています。私たちが観測する気象は、こうした大気や海、さらには陸による影響が複雑に絡み合った結果なのです。

●エルニーニョは東太平洋赤道域の海面水温が高い状態が長い間続く現象
●エルニーニョは日本に冷夏や暖冬をもたらす

気象庁のエルニーニョ監視海域における海面水温の変動

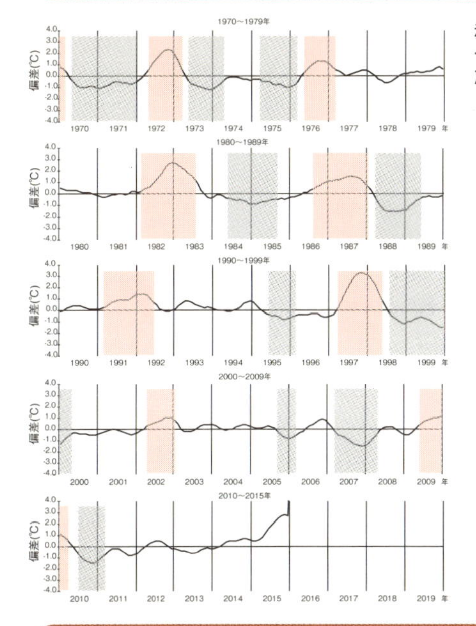

赤色がエルニーニョ、灰色がラニーニャが発生していると判定された期間

月平均海面水温と基準値との差の5ヶ月移動平均
※基準値は前年までの30年平均

出典:気象庁(一部抜粋)

気象庁のエルニーニョ監視海域における海面水温の変動

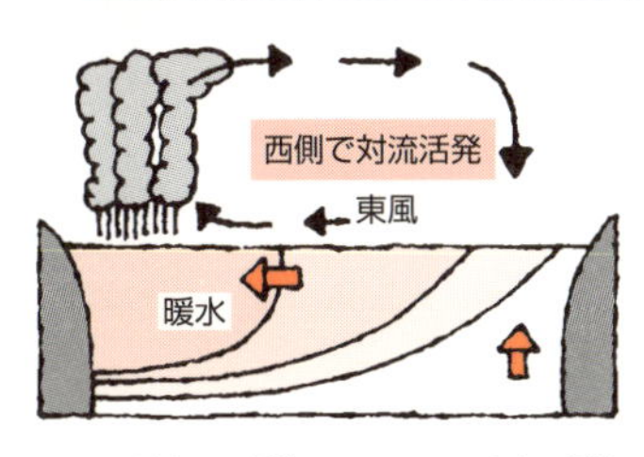

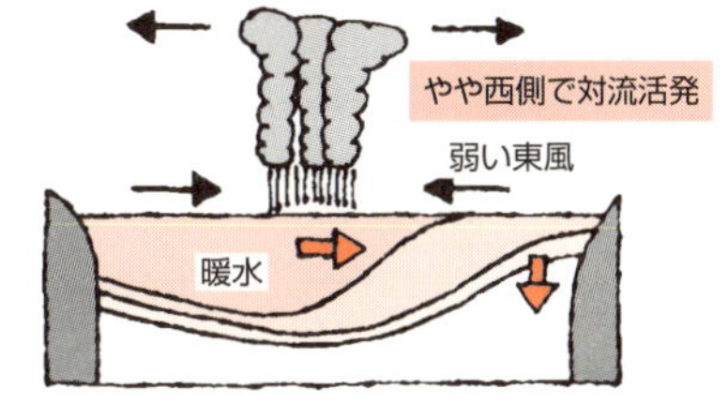

インドネシア近海　ペルー近海

インドネシア近海　ペルー近海

通常年もしくはラニーニャ

日本の天候の傾向(ラニーニャ発生時)

夏の猛暑、梅雨時の多雨(西日本太平洋側)、夏の多雨(南西諸島)、冬の寒波･豪雪

エルニーニョ

日本の天候の傾向

冷夏、梅雨明けの遅れ、夏の多雨(西日本日本海側)、暖冬

用語解説

エルニーニョとラニーニャ：ペルー沖では、毎年クリスマスの頃に海面水温が高くなってアンチョビーが姿を消し、3月頃に海面水温が下がってアンチョビも戻ってくる。もともとはこの季節的な現象を漁民たちがクリスマスにちなんで「エル・ニーニョ（スペイン語で神の子）」と呼んでいた。現在では数年に一度、海面水温の高い状態が半年以上続くことを「エルニーニョ現象」と呼ぶのが一般的である。気象庁では、ペルー沖の海面水温が基準より0.5℃以上高い状態が6か月以上続いている場合をエルニーニョ、低い状態が続いている場合をラニーニャ（女の子）と判定している。

11 仮想空間の実験装置で地球の将来を占う

全球気候モデルによる気候変動予測

何かわからない事柄に出くわした時、私たちはどのように対応するでしょうか。小学校の理科の時間では、まず「こうなるであろう」という仮説をたて、その仮説に基づいた実験を実施し、その結果をみて仮説が正しいかどうかを確認することを学びました。例えば今から250年以上前、アメリカのフランクリンも「雷は電気である」との仮説をたて、それを確かめるべく凧を揚げ糸に電気が流れるのを確認することで、雷は電気であることを明らかにしています。これも「実験による証明」の一つです。

それでは同じ大気現象である地球温暖化などを実験で確認することはできるのでしょうか。

この100年の間、地球上のCO_2濃度は上昇し続けています。この結果がどうなるのか、まさに私たちはその結果を「実験器具」の中に入る形で固唾をのんで見守っているところです。しかし、この状態が続いた場合に100年後にどうなるかということはわかりません。100年前に戻り、現代と同じレベルのCO_2ガスを放出することができないからです。

このように地球のような大きな対象物に対し長い期間にわたる現象を評価する場合、「全球気候モデル」という計算機上の仮想の実験装置を用いて仮説を検証します。

これまでの研究結果から、地球上の大気や海の状態はすべて物理計算により再現できることがわかっています。例えば現在の気象条件を最初の状態として計算機上に再現します。このあと、例えばCO_2が現在と同じだった場合、あるいは倍増した場合、100年後がどのような気候状態になるのかといった「実験」を計算により求めることができます。この計算装置が「全球気候モデル」といわれるものです。

全球気候モデルはアメリカやヨーロッパの他、日本も気象庁気象研究所などがモデルを開発し、地球の気候に関する研究を進めています。

要点BOX

- 100年先の大気現象を全球気候モデルで評価
- CO_2濃度の増減による影響を再現し、気球温暖化の影響と対策を評価する

全球気候モデル

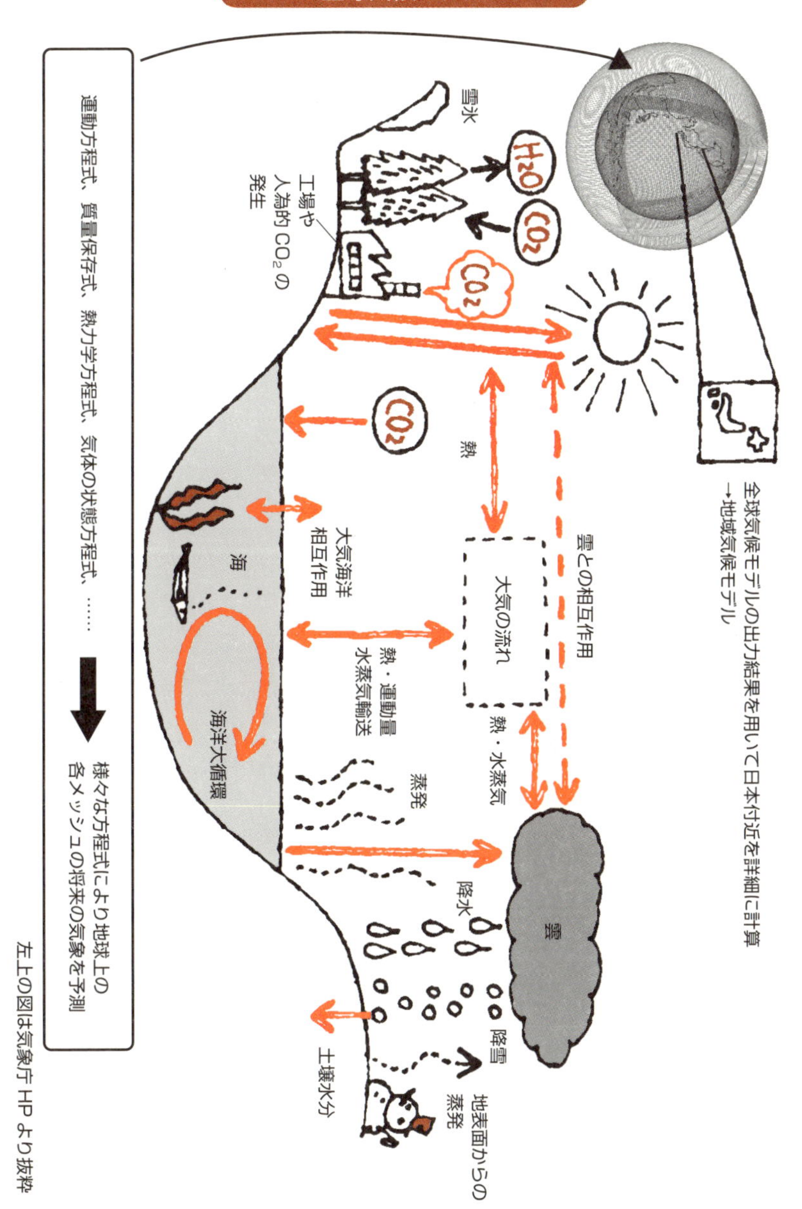

用語解説

全球気候モデル：大気・海洋・陸地・雪氷などの変化を考慮して、流体力学・熱力学・化学・物質循環などの方程式を用いて地球全体の気候を再現し、気候の変化を表現する数理モデルの総称。

12 100年後、異常気象は増えるのか

近年の技術革新により、天気予報の精度は高くなってきています。それでも現実的には1週間先以上の予報は「外れる」ことがあります。そのような状態にあるにも関わらず100年後の地球の様子を予測することができるのでしょうか。

残念ながらピッタリ100年後の元日の天気を予測することできません。しかしながら80～100年後はどのような現象が起こりやすくなっているか、ということは、11項の「全球気候モデル」を用いることによって求めることができます。例えば、サイコロを振った場合、100回目の目をピッタリ当てることは不可能なものの、80～100回目の間に1の目が出る確率を予測することはできることにも通じます。実際この「全球気候モデル」を用いて、まだCO_2濃度が低かった100年前と現代について計算すると、各地域の平均気温などはほぼ再現できることがわかっています。

このままCO_2濃度が増加した場合、「全球気候モデル」は将来をどのように予測しているのでしょうか。IPCCが第5次評価報告書でとりまとめた世界各地の21世紀末において予測される気候の状態をまとめたものでは、世界各地で温度が変化するだけでなく大雨や干ばつなどの異常気象の増加が懸念されています。

それでは日本ではどのようなことが予想されているのでしょうか。気象庁が地域気候モデルによって計算した結果のうち雨の変化についてまとめたものをみると、いずれも、このまま温暖化が進んだ場合、災害を引き起こすような大雨が21世紀末には増えることが予想されています。

地球温暖化問題が懸念されているのは、温暖化により単に気温が上昇するだけでなく、私たちの生活に深く影響するさまざまな「異常気象」の発生頻度が高まる可能性があることも理由の一つです。

- CO_2濃度増加とともに全世界の異常気象増加が懸念されている
- 日本も極端な大雨が増加する可能性がある

現在と将来の大雨の発生回数

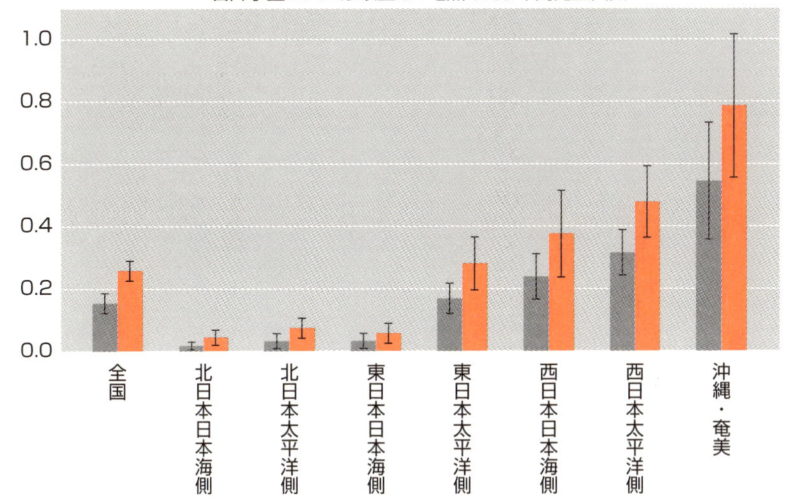

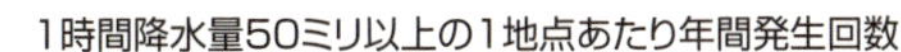

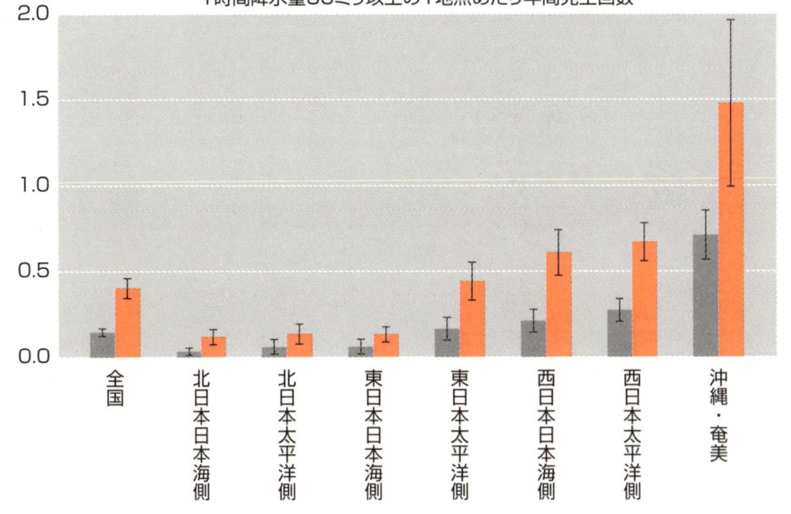

※1　灰色の棒グラフは20世紀末の再現実験、赤色の棒グラフは21世紀末の予測を示す。黒い縦棒は年々変動の標準偏差。

※2　地域気候モデルによる計算結果。用いたシナリオはA1B(21世紀半ばまでCO_2の排出量は増えるがその後減少し2100年時点のCO_2濃度は700ppmになる)。

出典：気象庁

Column

金星と火星の大気環境

「人の振り見てわが身をなおせ。」なかなか自分のことはわからないものですが、人の振る舞いを見ることによって、あらためて自分を客観的に見ることができる、ということは、惑星探査にも通じるものがあるのかもしれません。

現在、多くの探査機がさまざまな惑星の大気現象を調査しています。その目的の一つは、他の惑星の大気現象の原理を知ることにより、地球の大気のメカニズムを明らかにすることです。

例えば、「明けの明星、宵の明星」として親しまれている金星。その大きさは地球とほぼ同じ（直径で94%）、質量は地球の0・82倍。地球の「双子星」と称されますが、その気象は大きく異なります。

金星の太古は地球と同様に海があり、大量の水蒸気があったものの、その後は宇宙に拡散し、地上にはCO_2を中心とした大気しか残らなかったと考えられています。現在の金星の大気の95%以上はCO_2ガス。このため強い温暖化が生じ、地表面温度は460℃以上の灼熱地獄になっています。

また金星上空は毎秒100mに達する強い風が吹いています。金星の自転周期は約240日と地球に比べれば非常にゆっくりとした回転であることから、金星では自転速度の約60倍の風が吹いていることになります。この風は「スーパーローテーション」と呼ばれていますが、なぜこのような強い風が吹いているのかはよくわかっていません。現在も多くの研究者がその原因を研究しています。2010年に打ち上げられた日本の探査機「あかつき」も、この金星の謎を解明すべく、日々の観測を継続しています。

一方、火星の直径は地球のほぼ半分の大きさです。火星の大気は非常に薄く地球の大気圧と比較して0・6%しかありません。そのうち約96%はCO_2ガスです。大気が薄く温室効果はほとんどきかないため地表面付近の平均気温は-55℃ほどです。また、熱容量の大きい海が存在しないため気温の日較差は大きく、その差は100℃に達します。この大気は時として、ダストストームといわれる砂嵐を発生させます。砂嵐のピーク時、その高さは地上から上空40kmまで達するようです。局地的な砂嵐の発生頻度は年に100回程度ですが、年に1~2回は火星全体を覆う規模の嵐に発達することもあり、地球からも望遠鏡で観測することができます。

金星や火星の大気環境を深く知ることは地球について理解することにもつながります。

第2章

雨の異常気象

13 大雨が降る頻度が増えている？

近年の短時間強雨の発生回数

近年、台風や前線、局地的大雨による土砂災害や浸水害（2011年紀伊半島大水害、2014年広島土砂災害）が多く発生しています。

気象庁による雨量の観測は、全国に約1300カ所設置されているアメダス（地域気象観測システム）によって行われています。アメダスの観測は、場所の移動や観測機器の更新等がありますが、多くが1970年台後半頃に観測が始まっており、35年程度の観測データが蓄積されています。また、全国51カ所の気象台の中には、100年以上の観測データが蓄積されている箇所もあります。

この蓄積された時間雨量データを基に算出した短時間強雨（ここでは、時間雨量が30ミリ以上、100ミリ以上）や大規模な土砂災害や浸水害を引き起こすような大雨（ここでは、日雨量100ミリ以上、400ミリ以上）の発生回数の経年変化をみてみましょう。これらの経年変化をみると、30ミリ以上の発生回数には明瞭な増加傾向が、また、100ミリ以上の猛烈な雨の発生回数も増加傾向がみられます。これは、気候変動に伴う地球温暖化によって気温が上昇することにより、対流圏の飽和水蒸気量が増加している（つまり、大気中の水分量が増加している）ことが要因のひとつと考えられています

また、日雨量100ミリ以上は増加傾向がみられます。日雨量400ミリ以上の年間の発生回数は多くありませんが、年々その発生回数は増加傾向にあります。しかし、この傾向は短時間強雨ほど明瞭ではありません。これは、日雨量の発生回数が台風や前線の位置等の広域的な気象現象の影響を大きく受けるため、年による発生回数の違いが大きく、経年的な変化傾向を捉えることが難しいためです。

最新の研究では将来において短時間強雨の増加が予想されており、将来は大雨頻度がさらに増加するかもしれません。

●過去30年間の間に大雨の発生回数は増加傾向にあり、地球温暖化の影響の可能性がある
●特に短い時間での強雨が増加傾向にある

時間雨量（上）と日雨量（下）の超過回数の経年変化

時間30ミリ以上の回数

トレンド=141.5回／10年

1000地点あたりの観測回数

0 400 800 1200 1600 2000 2400 2800

1975 1980 1985 1990 1995 2000 2005 2010

年

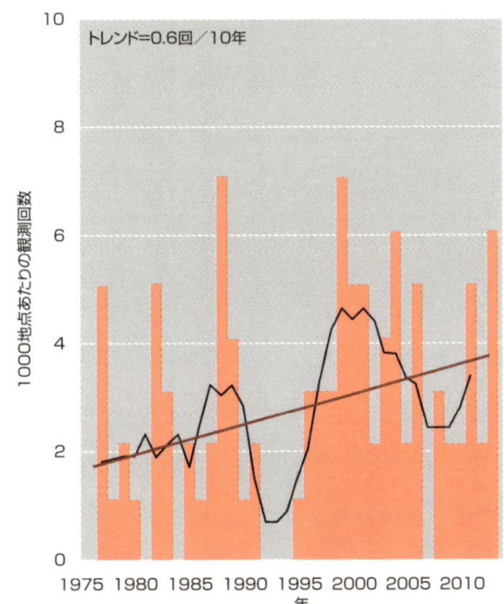

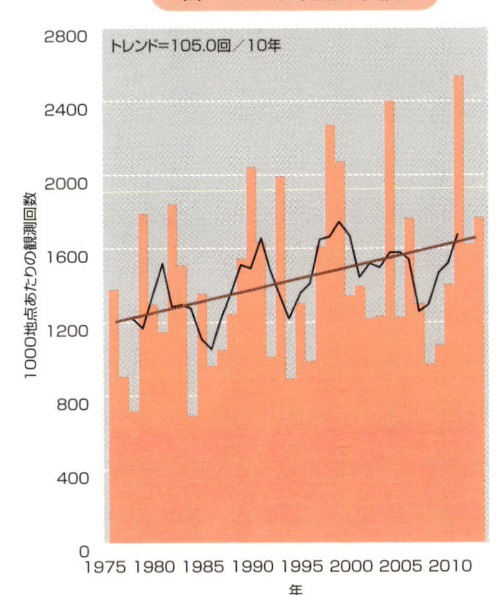

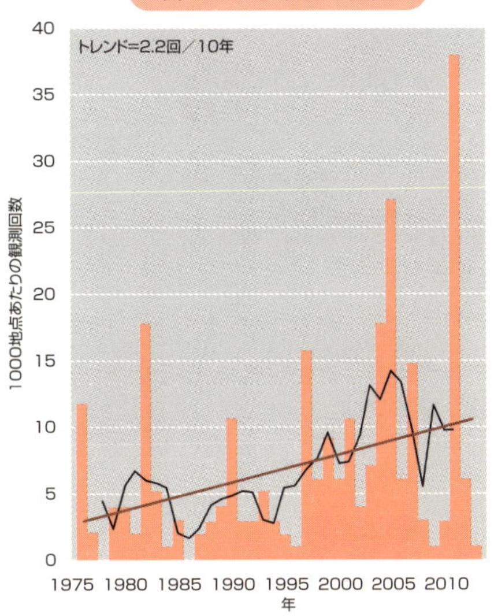

― 5年移動平均　― 信頼度90%以上の変化傾向

出典:気象庁

用語解説

飽和水蒸気量：空気中に含むことができる最大の水蒸気量で、気温とともに増加。

対流圏：地表から高さ約11kmまでの大気の層で、雲が発生する等、ほとんどの気象現象が起こる範囲。

14 大雨が降る地域が全国に広がっている

大雨が降りやすい地域と大雨時期の変化

13項で、日本での大雨の発生回数が増加傾向にあり、地球温暖化が影響している可能性があることを示しました。また、今後、地球温暖化がさらに進行すれば大雨の発生数は増加すると考えられます。

こうした大雨の増加傾向は、日本のみならず地球規模の広い範囲（特に中・高緯度地域）で増加傾向があることがIPCC第5次報告書等で示されています。

アメダスで観測された降水量をもとに最大1時間降水量と日降水量の上位20位までを見てみましょう。観測史上1位を2000年以降に記録した地点は、それぞれ8地点、11地点と上位20位の約半数を占めています（残りは、1990年代・1980年代がそれぞれ3地点ずつ、1980年以前はそれぞれ5地点、3地点となっています）。また、その範囲も沖縄から千葉まで広範囲にわたっています。また、上位20位以下ではあるものの、2015年関東・東北豪雨では宮城県内の複数地点で、北海道の約3割の地点では2016年6月に観測史上1位を更新する大雨となりました。

このように、近年、日本各地で観測史上1位を更新するような大雨が発生するようになっています。これは気候変動に伴う地球温暖化の影響によって、中・高緯度まで海面水温が高くなりやすく、水蒸気を多く含んだ暖かく湿った空気が流れ込みやすい状況にあることが原因の一つと考えられています。

これまで、大雨といえば西日本の太平洋側で多いというイメージがありましたが、今後も地球温暖化が進行すれば、日本のどこでも大規模な災害を引き起こすような大雨が発生してもおかしくない状況にあるといえます。

また、これまでは大雨の発生時期は6月～10月頃に集中していました。しかし、近年は春先や晩秋にも記録的な大雨となることもあり、地域だけでなく時期も変化しているといえます。

要点BOX

- 2000年以降、観測史上1位を記録する大雨となる観測所が全国に多く広がっている
- 大雨の変化は地球温暖化の影響の可能性あり

日本の最大1時間降水量と日降水量の記録

最大1時間降水量

（各地点の観測史上1位の値を使ってランキングを作成）

順位	都道府県	地点	観測地	
			mm	起日
1	千葉県	香取	153	1999年10月27日
〃	長崎県	長浦岳	153	1982年7月23日
3	沖縄県	多良間	152	1988年4月28日
4	熊本県	甲佐	150.0	2016年6月21日
〃	高知県	清水 *	150.0	1944年10月17日
6	高知県	室戸岬 *	149.0	2006年11月26日
7	福岡県	前原	147	1991年9月14日
8	愛知県	岡崎	146.5	2008年8月29日
9	沖縄県	仲筋	145.5	2010年11月19日
10	和歌山県	潮岬 *	145.0	1972年11月14日
11	鹿児島県	古仁屋	143.5	2011年11月2日
12	山口県	山口 *	143.0	2013年7月28日
13	千葉県	銚子 *	140.0	1947年8月28日
14	宮崎県	宮崎 *	139.5	1995年9月30日
15	三重県	宮川	139]	2004年9月29日
〃	沖縄県	与那覇岳	139	1980年9月24日
〃	三重県	尾鷲 *	139.0	1972年9月14日
18	山口県	須佐	138.5	2013年7月28日
19	沖縄県	宮古島 *	138.0	1970年4月19日
20	長崎県	雲仙岳 *	134.5	2015年8月25日

日降水量

（各地点の観測史上1位の値を使ってランキングを作成）

順位	都道府県	地点	観測地	
			mm	起日
1	高知県	魚梁瀬	851.5	2011年7月19日
2	奈良県	日出岳	844	1982年8月1日
3	三重県	尾鷲 *	806.0	1968年9月26日
4	香川県	内海	790	1976年9月11日
5	沖縄県	与那国島 *	765.0	2008年9月13日
6	三重県	宮川	764.0	2011年7月19日
7	愛媛県	成就社	757	2005年9月6日
8	高知県	繁藤	735	1998年9月24日
9	徳島県	剣山 *	726.0	1976年9月11日
10	宮崎県	えびの	715	1996年7月18日
11	高知県	本川	713	2005年9月6日
12	和歌山県	色川	672	2001年8月21日
13	奈良県	上北山	661.0	2011年9月3日
14	高知県	池川	644	2005年9月6日
15	徳島県	福原旭	641.5	2011年7月19日
16	沖縄県	多良間	629	1988年4月28日
17	高知県	高知 *	628.5	1998年9月24日
18	宮崎県	神門	628	2005年9月6日
19	静岡県	天城山	627	1983年8月17日
20	和歌山県	西川	626.0	2011年9月3日

※赤枠の囲みは2000年以降の出現事例

出典:気象庁

日本に大雨をもたらす大気の流れ

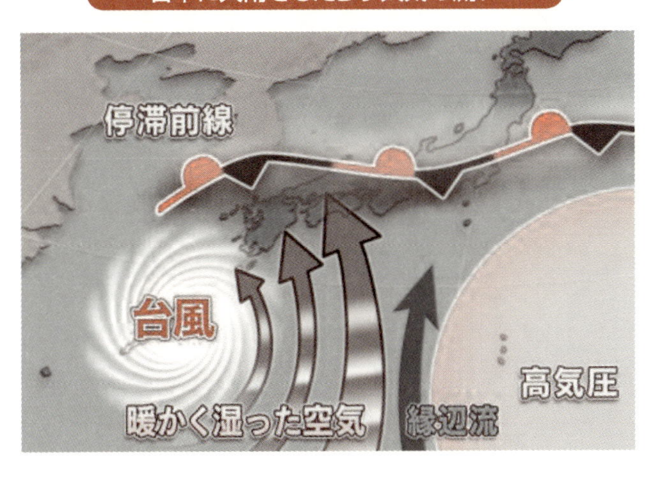

15 豪雨とはなんだろう

気象庁で使われる「集中豪雨」と「局地的大雨」

近年は日本だけではなく、世界中で豪雨が発生しています。そして、豪雨による甚大な災害情報を新聞やテレビ、インターネットで目にすることが多く、自然の猛威を感じずにはいられません。

ところで、「豪雨」という言葉が天気予報では使われないことをご存じでしょうか。

気象庁では「豪雨」を著しい災害が発生した顕著な大雨現象と定義しており、災害後に使われる用語となっています。「豪雨」という言葉は、昭和28年（1953年）7月16日～25日に和歌山県で死者・行方不明者1000人を超えた「南紀豪雨」で初めて使われました。

天気予報では「集中豪雨」、「局地的大雨」という用語が使われています。「集中豪雨」は同じような場所で数時間にわたり強く降り、100ミリから数百ミリの雨量をもたらす雨です。「局地的大雨」は、急に雨が強く降り、数十分の短時間に狭い範囲で数十ミリ以上の雨量をもたらす雨です。「ゲリラ豪雨」という言葉は「集中豪雨」、「局地的大雨」などを含む言葉で、気象庁では使っていません。

過去の日本の豪雨は、梅雨前線や台風に伴って発生することが多くなっています。前線や台風には積雲や積乱雲といった垂直方向に発達する雲があり、大気の上層と下層の気温差が大きい（大気が不安定）条件がそろうと大雨をもたらします。局地的大雨は、一つの積乱雲による降雨で発生することが多く、集中豪雨は積乱雲が次々と同じ場所で連続して発生して起こります。

2016年に発生した台風10号による大雨では、北海道で8月29日から9月1日の総雨量が700ミリを超えました。北海道の平均降水量（降雪量も含む）が1100ミリ程度ですから、わずか4日間に年間降水量の約7割の雨が降ったことになります。

要点BOX

- ●近年は世界中での豪雨の発生が増えている
- ●気象庁では集中豪雨と局地的大雨という用語を用いて天気予報で豪雨を伝えている

2016年台風10号による降水量分布

特に、上川郡および河西郡、日高郡にかかる日高山脈付近の降水量が多かった

日高・十勝地方を拡大

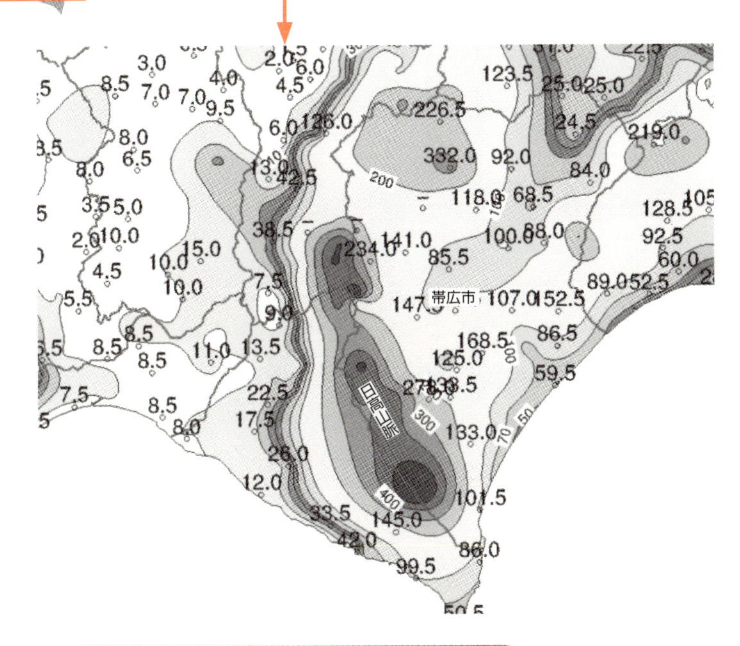

2016年台風10号による豪雨災害

日本気象協会撮影

16 極端な大雨と都市化が内水氾濫をもたらす

内水氾濫（ないすいはんらん）と外水氾濫（がいすいはんらん）の違いと内水氾濫の発生要因

氾濫と聞くと、大雨で川の水が堤防から溢れたり、堤防が決壊したりして、家屋が水浸しになる風景を思い浮かべるかもしれません。しかし、内水氾濫はこのような氾濫とは異なります。内水氾濫とは、市街地に急激な大雨が降り、川幅の狭い河川に一気に雨水が流れ込んで川が溢れたり、排水ポンプや下水道の雨水処理能力を超えて雨水が地表に溢れ出したりすることです。

雨水処理能力を1時間降水量50ミリとして都市の下水道計画を立てた場合、1時間降水量50ミリ以上の大雨が降ればその処理能力を超えるため、下水道から雨水が溢れ、内水氾濫が発生する可能性が高くなります。

1975年以降にアメダスで観測された降水量によると、1時間降水量50ミリ以上の発生回数が増加傾向にあります。さらに、都市部では地面がアスファルトで覆われ、降った雨が地面に浸み込みにくく一気に河川や下水道へ流れ込みます。このため、以前よりも内水氾濫が発生しやすくなったといえます。

一方、大雨の増加や都市化の影響で内水氾濫が発生しやすいなか、内水氾濫対策も講じられています。

東京都にある「神田川・環状七号地下調節池」は神田川中流域の洪水を防ぐために、環状七号線の地下約50mに建設されました。この調整池は、神田川、善福寺川、妙正寺川の洪水約54万m³を貯留できます。これにより、環状七号線より下流では1時間降水量50ミリ程度の大雨に対する安全性が確保されるようになりました。また、パルテノン神殿をほうふつさせる〝地下神殿〟「首都圏外郭放水路」も内水氾濫を防ぐための地下調整池として有名です。見学会も開かれているため、興味のある方は是非一度ご覧ください。

内水氾濫の「内水」とは、堤防で守られて人が住んでいる場所にある水のことであり、反対に「外水」とは堤防の向こう側の川の水のことをいいます。

要点BOX

- ●内水氾濫は外水氾濫と異なり、市街地等の雨水処理能力を超えて雨水が溢れる水害
- ●時間50ミリを超える大雨は内水氾濫に警戒

内水氾濫と外水氾濫の違い

出典:気象庁の資料をもとに作成

近年では都市の雨水処理能力を超える大雨が増えている

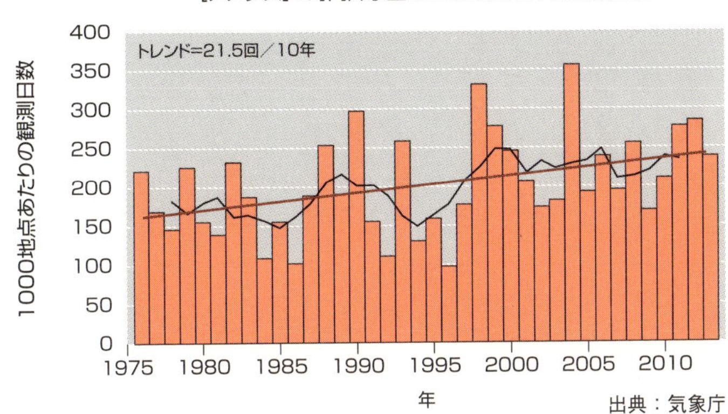

出典：気象庁

17 豪雨災害をもたらすバックビルディング現象

線状降水帯による局所的な大雨

大規模な災害を引き起こすような大雨は、夏の夕立のような雷雨（熱雷）による豪雨を除くと、梅雨前線のような前線活動や台風による暖湿気塊流入等が主な降雨要因です。災害をもたらした大雨の雨量分布をみると、長さが50～２００km、幅が10～50km程度の線状の降水域となっていて、数時間移動しない場合が多くなっています。台風等による直接的な大雨を除けば、大雨事例の約3分の2が同様の降雨要因であったという報告もあります。

通常、積乱雲は成長期・成熟期・消滅期という段階を経て一生を終え、その寿命は30分～60分程度です。このため、1個の積乱雲だけでは大雨になりにくく、大きな災害を引き起こす大雨となるためには積乱雲が次々と発生する必要があります。それでは、どのようなメカニズムで積乱雲が次々と発生するのでしょうか。

大気中で空気がぶつかると、行き場をなくした空気が上昇して積乱雲が発達し（成長期）、強い雨を降らせます（成熟期）。成熟期～減衰期の積乱雲の下には下降気流が生じるため、風上側では再び雲の塊が作られ、新たな積乱雲が発生・発達します。これが繰り返されることで積乱雲が行列するように線状に連なり（線状降水帯）、同じ地域に長時間大雨が降ることになります。この現象を「バックビルディング現象」といいます。２０１３年山口・島根豪雨、２０１４年広島豪雨、２０１５年関東・東北豪雨等もこのメカニズムによる大雨でした。

積乱雲の行列は下層（高度約１５００ｍ）の風、積乱雲の移動は中層（高度約３０００ｍ）の風により決まります。地上と上空の風向きがほぼ同じであれば、一定方向に長い線状降水帯となりますが、その向きが異なると積乱雲の移動方向とは違う場所に新たな積乱雲が発生するため、広範囲にわたって大雨となる可能性があり特に注意が必要です。

要点BOX
- 大雨事例の約3分の2は線状降水帯による
- 積乱雲が同じ地域に次々と発生することで、長時間にわたり同じ地域で大雨になる

積乱雲の一生

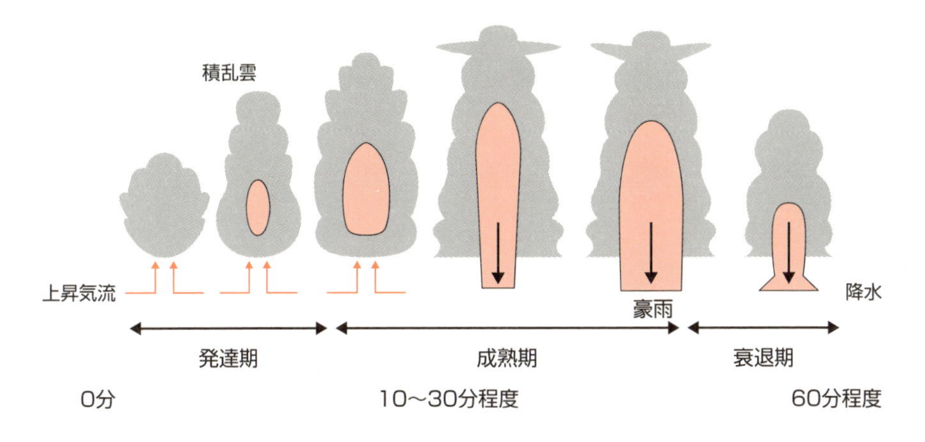

積乱雲の連続発生メカニズム

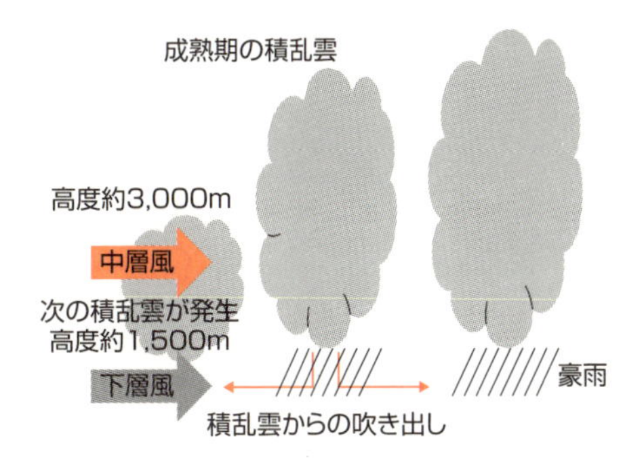

風向きによる積乱雲の発生場所の違い

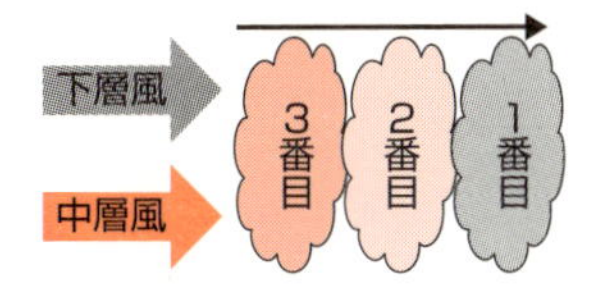

※風向きが揃っている場合→一列になる

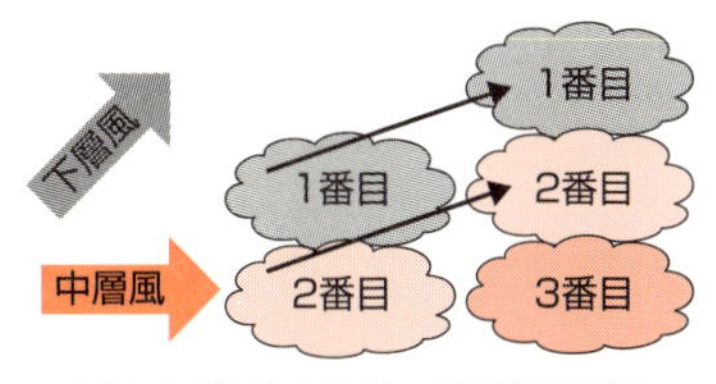

※風向きが異なる場合→雨域が広がる

用語解説

熱雷：夏季に強い日射によって熱せられた空気が上昇して発達した積乱雲に伴う雷雨。

18 地球温暖化は神々の怒りを呼ぶ

落雷の仕組みと温暖化の影響

古代の人々は、カミナリは「神鳴り」という意味で神々の怒りと捉えていました。現在では、雷は大気中に溜まった大量の電荷の放電現象であることがわかっています。雷を発生させる積乱雲の中では「あられ」（大きな氷のつぶ）と「氷晶」（小さな氷のつぶ）が衝突し、氷晶のマイナスの電荷があられに移り、氷晶はプラスの電荷を帯びます。プラスを帯びた氷晶が強い上昇気流によって雲頂に運ばれることで、下層に溜まったあられとの間で「電荷の分離」が発生します。さらに、雷雲の下の地上ではプラスの電荷が誘導されて、落雷が発生します。

雷の年間発生日数を気象庁の観測結果から調べると、東北から北陸にかけての日本海側で多く、最も多い金沢では年間42・4日に達します。雷というと夏の夕立をイメージしがちですが、北陸地方では夏だけでなく、冬の雷の発生数が多いため、年間の雷日数も多くなっています。

一方、落雷の被害の月別発生数は、8月が最も多く、夏の7月と8月の2カ月間の被害件数は年間の被害件数の半数を超えています。

雷をもたらす積乱雲は、落雷による直接的な被害だけでなく、短時間に激しい雨を降らせたり、ひょうやあられを降らせたりして、農作物や建物にも被害を与えます。また、竜巻やダウンバーストのような突風被害をもたらすこともあります。

地球温暖化が進むと落雷の発生件数が増加するとする研究発表が米科学誌サイエンスに掲載されました。温暖化が原因で大気中に含まれる水蒸気が増加することがその理由で、大気の数値シミュレーションの結果からは世界の平均気温が1℃上昇すると、落雷が約12％増加すると試算されています。

要点BOX

- 温暖化による水蒸気の増加で積乱雲の発生頻度が増え、雷も多発する
- 落雷は農作物の被害をもたらす

雷が発生するメカニズム

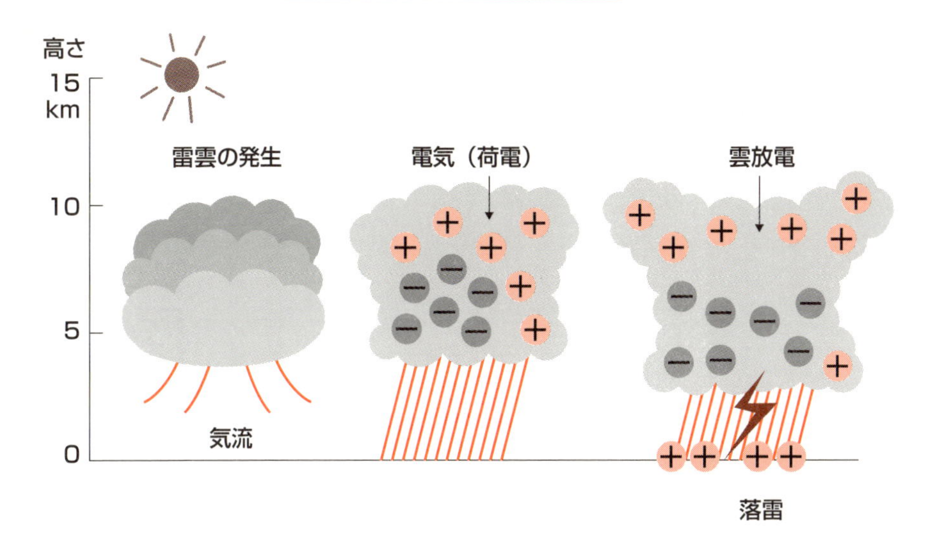

雷の年間発生数と雷による災害件数

年間の雷日数

地名	日数
札幌	8.8日
仙台	9.3日
宇都宮	24.8日
東京	12.9日
新潟	34.8日
金沢	42.4日
名古屋	16.6日
大阪	16.2日
広島	14.9日
高知	15.2日
福岡	24.7日
鹿児島	25.1日
那覇	21.6日

出典:気象庁のデータをもとに作成

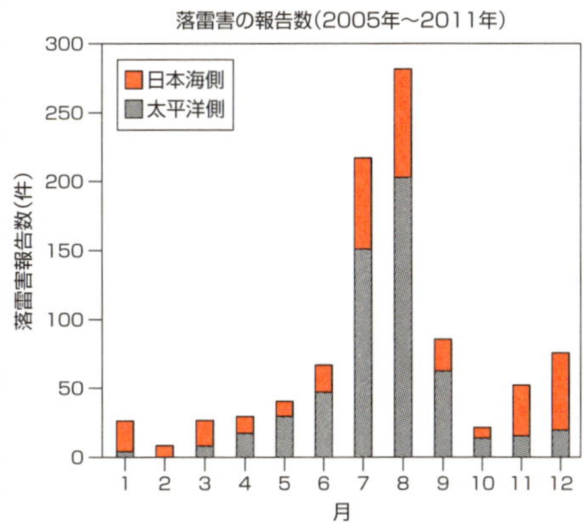

報告数は、全国53官署が県単位（北海道は複数支庁単位）で、低気圧や前線の通過等一連の気象現象における落雷害の発生を1件としてカウントしている。

出典：気象庁

19 寝静まった夜間に突如降った猛烈な雨

2014年8月に発生した広島土砂災害

２０１４年８月20日に広島市で大規模な土砂災害が発生しました。災害の前日、19日の夜は広島市中区を中心に雷を伴う激しい雨が降りましたが、午後10時過ぎにはおさまり、深夜０時の中区の気温は26℃、湿度は95％で蒸し暑いながらも静かなひと時が経過しました。ところが20日１時40分頃、雷を伴った激しい雨が突如降り始め、２時過ぎから激しさを増し、２時30分頃から猛烈な雨が降りました。この猛烈な雨は10秒に約１回の雷を伴い、安佐南区で３時40分頃まで、安佐北区で４時頃まで降り続きました。

20日午前３時20分頃、安佐南区八木付近では、背後の阿武山（標高５８６ｍ）山頂付近から押し寄せた土石流に多くの方が巻き込まれました。安佐南区山本でも住宅の裏山が崩れたほか、安佐北区でも可部東や桐原などの所々で土石流が起こり、根の谷川が氾濫しました。

猛烈な雨の降った地域は東西におよそ４㎞、南北におよそ25㎞の細長い線状の範囲です。原因は太平洋高気圧のふちでゆるやかに上昇する南南東からの暖かく湿った空気と、山陰沖の停滞前線へ強く吹き込む南西からの暖かく湿った空気が広島市周辺で合流し、線状降水帯を形成して２～３時間停滞したことにあると考えられています。このとき中国地方の上空１５００ｍ付近（８５０hPa）の気温は20℃くらいで、平年の真夏の気温よりも２℃ほど高温でした。

気温が高くなると、空気が含むことのできる水分の量がそれだけ多くなり、雨雲がより発達して雨の降り方も強くなります。１時間に80ミリ以上の猛烈な雨が降ると、１平方メートルあたり１時間に80kg以上の重さとなります。線状降水帯全体に降った雨を合わせると、１時間あたり８００万トン以上になります。これを明け方にかけて２～３時間受け続けたことから、地盤に大きな圧力がかかり、大規模な土砂災害になったと考えられます。

- 1時間に80ミリ以上の猛烈な雨が雷を伴って広島市で降った
- 安佐南区と安佐北区で大規模土砂災害が発生

広島市周辺で観測された雨量（2014年8月20日）

観測局名/時刻	1:30	1:40	1:50	2:00	2:10	2:20	2:30	2:40	2:50	3:00	3:10	3:20	3:30	3:40	3:50	4:00
三入（安佐北区）	1	2	15	8	10	17	15	16	13	11	15	22	11	17	19	19
上原（安佐北区）	0	8	13	7	14	10	7	18	21	22	16	18	19	25	30	7
高瀬（安佐南区）	0	5	9	7	12	10	12	15	19	19	10	19	21	19	9	1
祇園山本（安佐南区）	7	5	6	6	8	5	11	9	9	13	5	9	10	3	2	0
広島地方気象台（中区）	0	0	0	0	1	4	5	0	0	0	0	0	1	0	0	0

前10分の雨量で、小数点以下は四捨五入しています。
猛烈な雨に相当する時間帯を色塗りしています。

広島市周辺の雨の強さ（2014年8月20日2時45分）

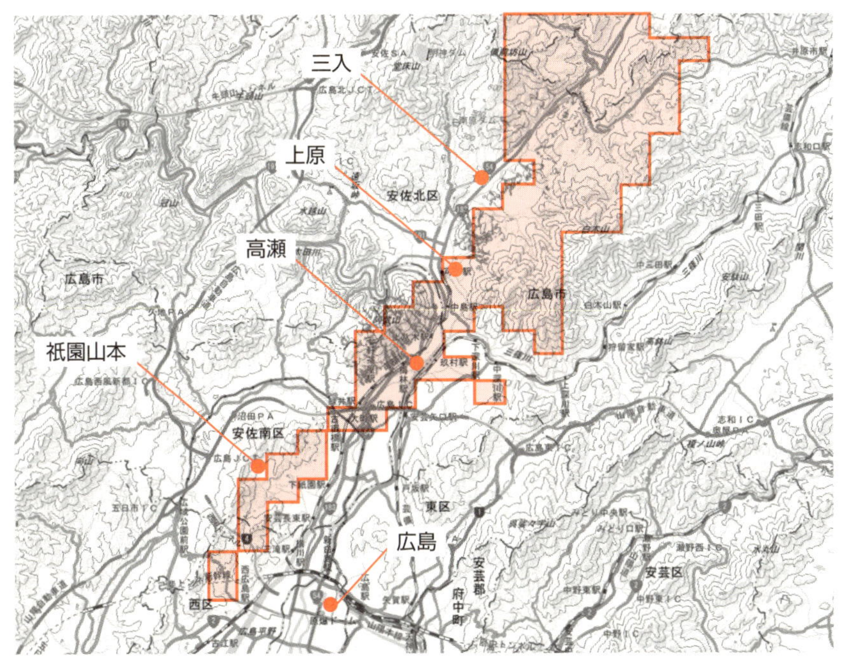

国土地理院の電子地形図（タイル）に雨量を追記して掲載。囲んだ部分は2014年8月20日2時45分観測の雨量強度［ミリ／時］で、80［ミリ／時］以上の地域

用語解説

激しい雨：1時間に40ミリ以上降る雨
非常に激しい雨：1時間に50ミリ以上降る雨
猛烈な雨：1時間に80ミリ以上降る雨

20 2015年9月に発生した鬼怒川の氾濫

関東地方では1986年小貝川以来の大規模破堤

2015年9月9日～10日は、台風18号やその台風から変わった温帯低気圧に吹き込む南よりの風と、台風17号からの南東風による暖かく湿った空気が持続して東日本に流れ込みました。関東地方にかかっていた台風18号の外側の雨雲は、この暖かく湿った空気によって南北の幅広い雨雲に変わり、その中に「線状降水帯」（線状に発達した雨雲）が発生して記録的な大雨に見舞われました。

この発達した「線状降水帯」の影響で、栃木県日光市を中心に記録的な大雨となり、各地に大雨警報、洪水警報、土砂災害警戒情報が発表されました。警報発表後も大雨は降り続き、9月10日0時20分に栃木県、9月10日7時45分に茨城県（河内町は9時55分）に「大雨特別警報」が発表されました。

このとき、鬼怒川の流域にあたる栃木県今市（アメダス）では、24時間降水量の日最大値が500ミリを超えるなど、記録的な大雨を観測しています。鬼怒川の流域にあたる日光市や宇都宮市などに降った大量の雨水が鬼怒川へ流れ込んだために水位が上昇し、12時50分頃常総市新石下付近で左岸の堤防がついに決壊し、大量の水が市内に流れ込みました。氾濫した水は、約半日をかけて南下し、翌日には常総市役所が浸水しました。

また、9月10日～11日は、宮城県を中心に東北地方でも大雨に見舞われました。宮城県には9月11日3時20分に「大雨特別警報」が発表され、宮城県大崎市渋井川では堤防が決壊しました。

この大雨により、土砂災害、浸水河川の氾濫等が発生して、死者8名（宮城県2名、茨城県3名、栃木県3名）の人的被害のほか、破損家屋7000棟以上、浸水家屋12000棟以上の住家被害に及んでいます（被害状況は、総務省消防庁「平成27年台風第18号による大雨等に係る被害状況等について（第38報）」より）。

要点BOX

- ●線状降水帯による強雨域と鬼怒川流域が重なり、鬼怒川で大規模破堤が発生し氾濫した
- ●栃木県と茨城県に大雨特別警報が発表された

2015年9月9日21時の地上天気図

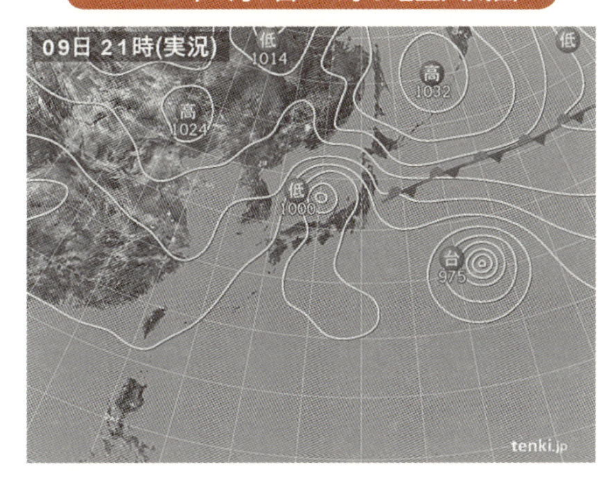

2015年9月9日～11日の雨量分布

期間内の総降水量分布図（9月7日～9月11日）

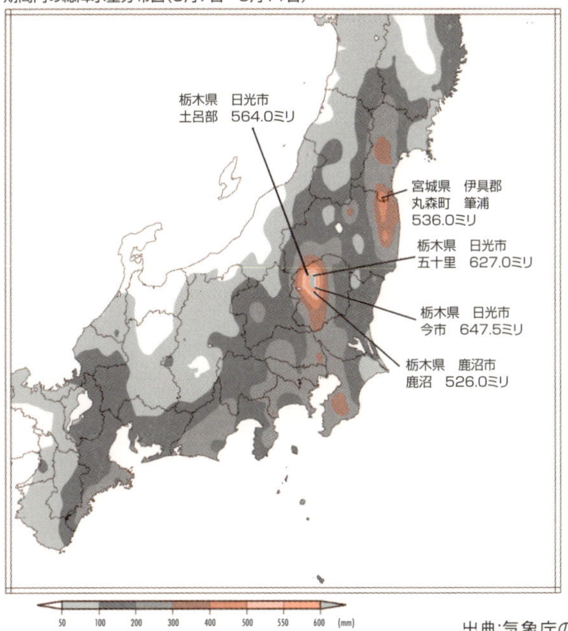

出典:気象庁の資料を一部改変

用語解説

左岸、右岸：河川を上流から下流に向かって眺めたとき、右側を右岸、左側を左岸と呼ぶ。ただし、砂防の分野では、逆に河川を下流から上流に向かった姿勢から左岸、右岸を呼ぶ。

大雨特別警報：台風や集中豪雨により数十年に一度の降雨量となる大雨が予想されるときに気象庁から発表される。

Column

周囲の雨を瞬時に把握!新感覚のお天気アプリ「Go雨!探知機」

近年頻発している局地的な大雨は、狭い範囲で短時間に非常に強い雨をもたらすことが特徴です。読者の方も、さっきまで晴れていた空が急に暗くなり、ポツポツと雨が降ってきたと思った直後には大雨になっていた、という経験が一度はあると思います。そのような局地的大雨は、台風や前線のような気象現象に比べて時間的にも空間的にも小さく、時間スケールが10分～30分程度、空間スケールが10km程度の極めて局所的な現象です。

近年の気象観測技術の向上により、そのような局地的大雨もリアルタイムで観測することが可能になりました。国土交通省が全国の都市域を中心に展開しているXRAIN（エックスレイン・eXtended RAdar Information Network）では、約250m四方の細かい雨の様子を1分間隔で観測することができます。従来の気象レーダ（約1km四方、5分間隔）に比べて高頻度・高精度に雨の観測が可能になった画期的な観測技術です（XバンドMPレーダについては46項にて解説しています）。

そこで、局地的大雨が迫った時に一人ひとりが身の回りの雨の降り方を瞬時に確認できるように開発されたスマートフォンアプリが、「Go雨!探知機・XバンドMPレーダ・（ごうたんちき えっくすばんどえむぴーれーだ）」です。

このアプリはスマートフォンの位置情報を利用し、現在地を中心とした周囲10kmのXRAINによる雨の観測情報を、1分ごとのリアルタイムで表示することができます。またAR（拡張現実）機能を利用して、カメラで撮影した雨雲にレーダによる雨の強さを重ねることができ、より臨場感のある降雨の情報を取得することができます。

急なにわか雨や激しい雷雨など、夏場の豪雨の対策にご活用ください。

「Go雨!探知機 -XバンドMPレーダ-」

降雨3Dモード(AR表示)　　降雨2Dモード

風の異常気象

21 近い将来、台風が強大化する？

地球温暖化による台風への影響

台風は北西太平洋または南シナ海に存在し、強風（最大風速17m／s以上）を伴う熱帯低気圧です。台風は年間およそ25個発生し、時に甚大な被害を及ぼすので、日本人にとっては恐ろしくも身近な気象現象ではないでしょうか。将来的な地球温暖化の影響を受けると台風の中心気圧が下がり、風速が強くなる（強大化する）といわれています。

どうして地球温暖化によって台風が強大化するのでしょうか。まずは台風の成り立ちから順に説明します。台風は熱帯の海上で生まれます。熱帯では強い日射により海面が温められて、海上の空気は海面から熱と水蒸気を受け取ります。暖かく水蒸気を含んだ空気は軽くなり上昇し、やがて雲になります。そこへ地球の自転による見かけ上の力が加わり、北半球では反時計回りの回転を持ち始めます。これが繰り返され大きな渦になり、台風となります。この過程で水蒸気が雲になる時、水蒸気が持っていた熱エネルギーを放出します。それが台風のエネルギー源です。つまり、台風のエネルギー源は暖かい海水から供給される水蒸気です。そのため、地球温暖化によって海面水温が上昇すると、海面からの水蒸気の供給が多くなるため、台風が受け取る水蒸気（エネルギー）が大きくなります。こうした理由から、台風は強大化すると考えられています。

全球気候モデルによる研究成果によると、21世紀末には台風の発生数は減少するが、強い台風の頻度が増加することが示されています。その結果、将来は強い台風による強風、高潮災害のリスクが高まることが懸念されています。

なお、気象庁によると台風の発生個数、日本への接近数、上陸数には今のところ増加や減少の傾向は見られていません。

●将来の海面水温上昇は台風の強大化に影響
●台風の強大化により強風・高潮災害のリスクが高まる

台風の成り立ちとエネルギー源

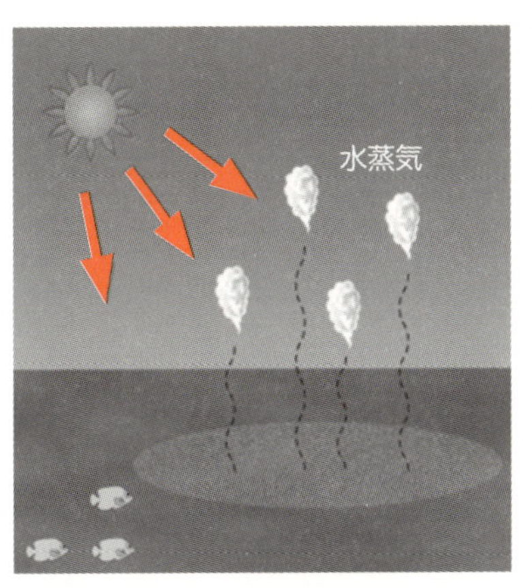

強い日射により海面が温められ、
海上の空気は海面から熱と水蒸気を
受け取ります。

雲ができ、
反時計回りの回転を
持ち始めます。

水蒸気を含む空気からエネルギーを
受け、回転と上昇流がさらに強まる
ので、発達して台風となります。

22 突然に襲いかかる猛烈な風

竜巻とダウンバーストが発生する仕組みと竜巻被害

竜巻は積乱雲に伴う強い上昇気流により発生する激しい渦巻きで、ダウンバーストは積乱雲から吹き降ろす下降気流が地表に衝突して水平に吹き出す激しい空気の流れです。ダウンバーストは、あまり耳慣れない言葉ですが、離着陸時の飛行機事故を引き起こすこともある恐ろしい突風です。

竜巻とダウンバーストの共通点は、両方とも強い積乱雲の下に発生することです。積乱雲ができやすい条件は、上空に冷たい空気、地上に暖かい空気があることと、地上の空気が湿っていることです。両者の違いは被害域と空気の流れです。竜巻の被害域は直線的であるのに対し、ダウンバーストの被害域は円形あるいは楕円形など放射状に広がります。このときの空気の流れは、竜巻は周りから集まった空気が激しく回転して上空に吹き上げるのに対し、ダウンバーストは上空から冷たい空気が激しく吹き降ろし、地面にぶつかり放射状に広がります。

気象庁がまとめた突風の分布図を見ると、竜巻は沿岸部や関東平野での発生が多くなっています。沿岸部の発生が多いのは、海上は空気が湿っていること、起伏が少なく風が抵抗を受けにくいことが原因だと考えられます。関東平野では平たんな土地が広がり、地表の起伏が少ないこと、南の相模湾から湿った空気が入りやすいことが原因だと考えられています。一方、ダウンバーストの発生しやすい地域には、特段の傾向は見られません。

竜巻やダウンバーストの強さを表す指標には藤田スケールがよく用いられます。藤田スケールについて詳しくは3章末のコラムを参照してください。日本ではこれまで最大で藤田スケールＦ３の竜巻が観測されています。１９９０年の千葉県茂原市、１９９９年の愛知県豊橋市、２００６年の北海道佐呂間町、そして２０１２年茨城県常総市の竜巻がＦ３と推定される４事例です。

要点BOX

- ●竜巻やダウンバーストは強い積乱雲のもとで発生する
- ●関東平野や沿岸部での発生が多い

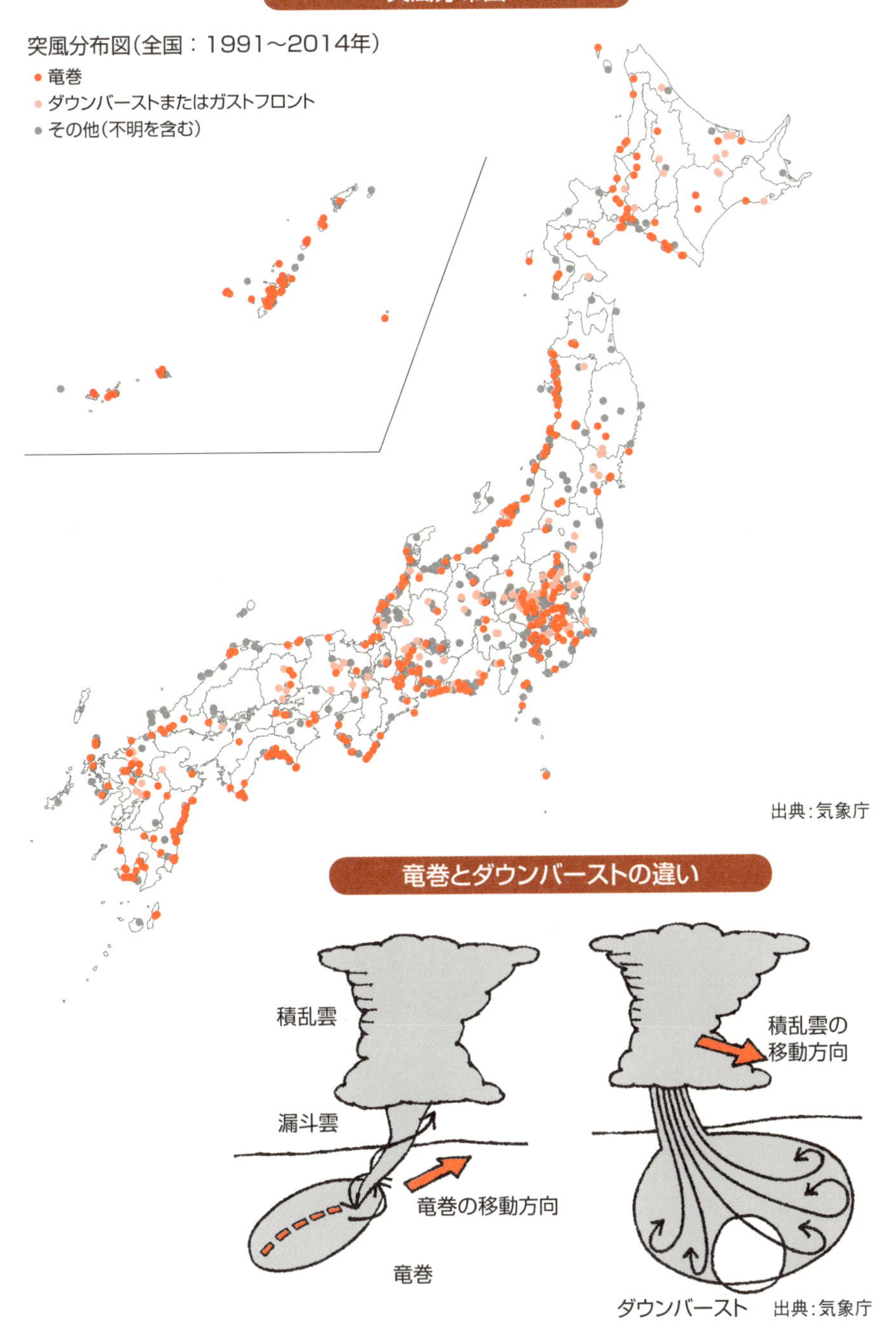
突風分布図
突風分布図(全国：1991～2014年)
竜巻
ダウンバーストまたはガストフロント
その他(不明を含む)
出典:気象庁
竜巻とダウンバーストの違い
積乱雲
漏斗雲
竜巻の移動方向
竜巻
積乱雲の
移動方向
ダウンバースト
出典:気象庁

23 発達した低気圧による強風災害

強風災害を引き起こす「急速に発達する低気圧」に要注意！

日本では台風や竜巻とともに、発達した低気圧による雨や風の災害が毎年のように発生しています。特に、「急速に発達する低気圧」（日本付近では中心気圧が24時間に17・8hPa以上低下する場合）では、広範囲で急速に強風が発生するため、防災上の注意が特に必要な気象現象のひとつです。

急速に発達した低気圧の1例として、2012年4月2日から5日にかけての天気図を示します。4月2日9時に中国大陸で発生した低気圧の中心気圧が、2日21時の1006hPaから3日21時の964hPaへと24時間で42hPaも急低下し、3日13時38分に和歌山市友ヶ島で32・2m／s（南南東）の最大風速を観測しました。首都圏では広範囲での鉄道の運休や旅客機の欠航が相次ぎ、東北・北陸地方では建造物の倒壊や停電などの被害が発生しました。この低気圧は、東シナ海から大量の水蒸気の供給を受け、上空の気圧の谷の接近により急発達しました。低気圧の発達に伴い地上近くに暖気が蓄えられ、等圧線も円形になり熱帯低気圧に似た構造となったことが、広範囲に著しい強風をもたらした原因と報告されています。

低気圧は北極周辺と赤道付近の気温差をエネルギー源として発達します。南北の気温差が大きい温帯の日本付近は世界的にも低気圧が発達しやすい地域です。南北の気温差が大きくなる冬から春にかけては、特に低気圧が急発達しやすい季節です。なお、急発達する低気圧は、朝鮮半島から日本海に進む場合と日本の南岸を進む場合があります。

低気圧の中心と外の気圧の傾きが大きいほど風は強く吹きます。気圧の傾きは地上天気図では低気圧周辺の等圧線の混み具合であり、等圧線が混み合っているほど強い風が吹きます。低気圧は台風よりも大きく、発達した低気圧は台風より広い地域で強風となる傾向があります。

要点BOX
- 発達した低気圧は広範囲に風災害を引き起こす
- 日本付近は世界的にも低気圧が発達しやすい地域で、冬から春は低気圧が急発達する季節

2012年4月2日～5日の急速な低気圧の発達

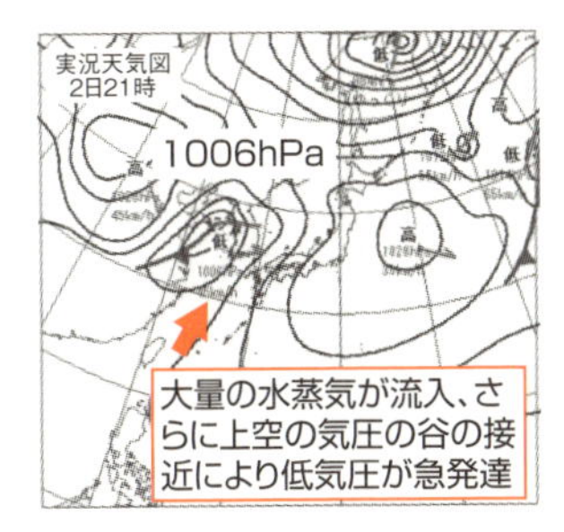

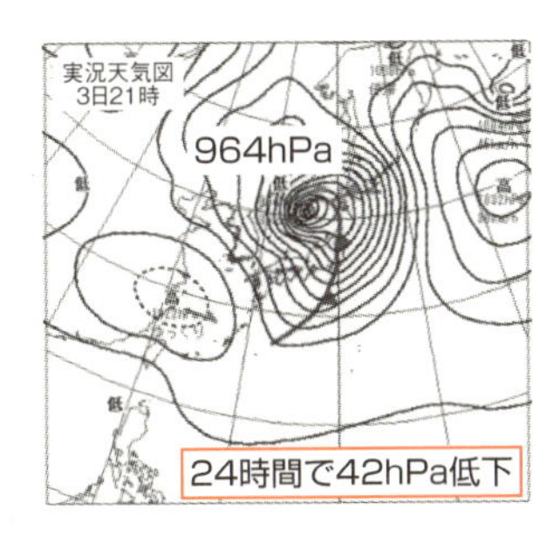

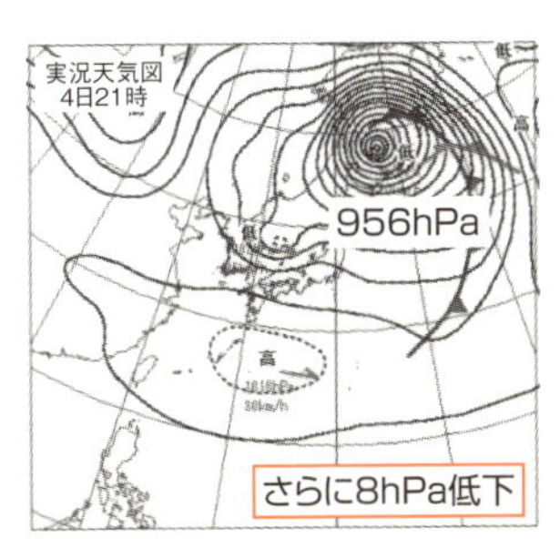

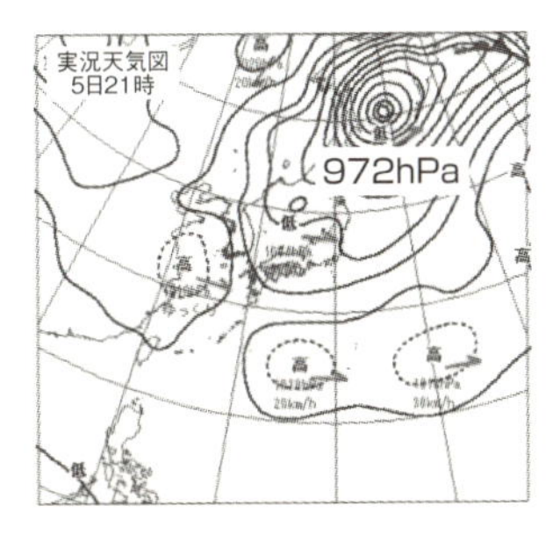

低気圧周辺の風の流れ（2012年4月3日12時の実況天気図）

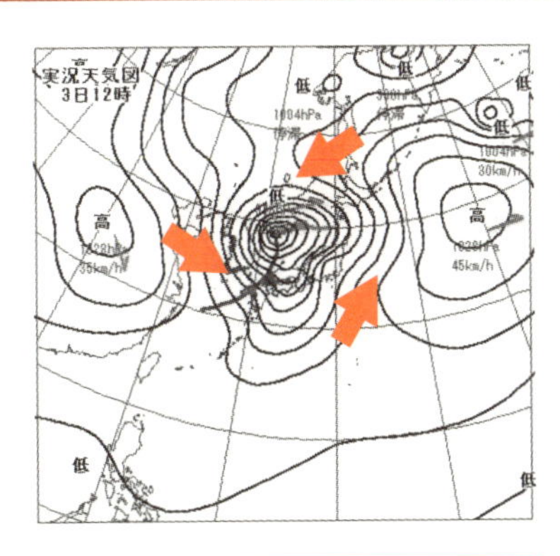

気圧の傾きが大きくなり、和歌山県友ヶ島では3日13時38分に32.2m/s（南南東）の最大風速を観測

北半球の低気圧周辺では反時計回りの風向
寒冷前線周辺では突風や風向急変に注意

用語解説

急速に発達する低気圧：爆弾低気圧と報道される場合もあるが、戦争をイメージするなどの理由から、正式には「急速に発達する低気圧」と気象庁で定義されている。

24 砂漠化の進行と砂塵嵐

日本でも身近な砂漠化の影響

砂漠というと、アフリカのサハラ砂漠が有名でオアシスやラクダのイメージがあり、日本とは縁のない世界のように感じます。しかし、世界の陸地の約40％は乾燥地帯で、このうち毎年約6万平方キロメートルが新たに砂漠化していると報告されています。この面積は、九州と四国をあわせた面積よりも大きいものです。

砂漠化の大きな原因の一つとして気候変動があります。最近の研究では地球温暖化の影響により、雨量が極端に少なくなるなどの異常気象が多発し、今後、砂漠化が進行する地域が増加することが予測されています。また、森林伐採や家畜の過度な放牧などの人間活動によっても砂漠化は進行します。

これまで緑地だった場所が砂漠化してしまうと、農作物が育たなくなり、人がその土地に住めなくなってしまうなどの影響があります。また、砂漠化が進むと、細かい砂や塵が風によって巻き上げられる砂塵嵐が、これまでよりも大規模かつ頻繁に発生するようになります。

中国内陸部やモンゴルに位置するタクラマカン砂漠やゴビ砂漠などで発生する大規模な砂塵嵐は、日本にまで到達することがあり、黄砂と呼ばれています。黄砂の粒子の大きさは平均4マイクロメートル程度で、海岸で通常見られる砂粒（約90マイクロメートル）よりもはるかに細かいものです。このため、黄砂が飛来すると、視界が悪くなったり、外に干した洗濯物が汚れるといった被害だけでなく、肺の奥まで細かな粒子が侵入し、人の健康にも悪影響を及ぼす可能性があります。日本国内で観測される黄砂の日数は、その年の気象条件によって大きく変動しますが、長期的には増加傾向にあります。今後、気候変動などにより、砂漠化がさらに進行すると黄砂日数が増えることが予想され、日本への影響も心配されます。

要点BOX

- 気候変動と人間活動による砂漠化が地球規模で進行している
- 日本では黄砂日数が長期的に増加している

年別黄砂観測のべ日数の推移

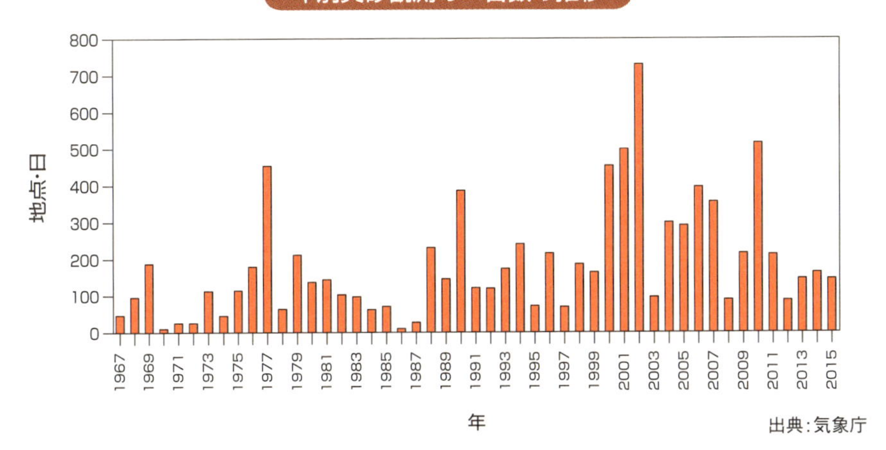

出典：気象庁

黄砂の起源

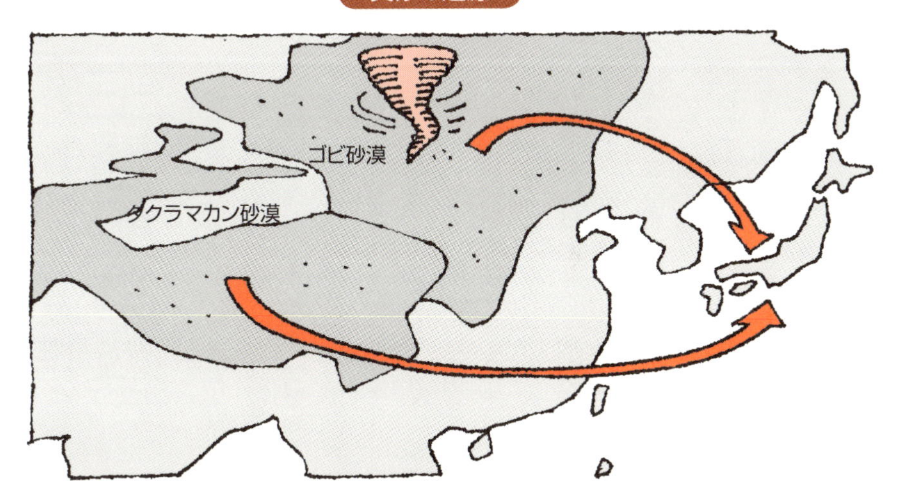

身近な粒子の大きさ(平均的な粒径)

海岸の砂粒	90マイクロメートル
小麦粉	50マイクロメートル
花粉(スギ)	30マイクロメートル
黄砂	4マイクロメートル
細菌(ブドウ球菌)	1マイクロメートル
ウィルス	0.1マイクロメートル

*1マイクロメートル
=1㎜の1000分の1

25 2012年5月に茨城県つくば市で発生した竜巻

国内での最大級の竜巻発生事例

２０１２年５月６日午後12時半頃、茨城県つくば市で大規模な竜巻被害が発生しました。１５８棟が半壊、76棟が全壊、37名の方々が負傷、１名の方が亡くなりました。これは、２０００年以降の日本における竜巻被害の中でも大規模なものでした。この竜巻の藤田スケールはＦ３と推定され、日本で発生した竜巻の中で最も強い竜巻に分類されます。

竜巻が発生した当日の気象状況を振り返ってみましょう。地上付近では日本海に低気圧があり、この低気圧に向かって南から暖湿な空気が流れ込んでいました。この時、関東地方は朝から晴れて気温が上昇していました。一方、日本の上空５５００ｍ付近にはマイナス21℃以下の例年よりも強い寒気が流れ込み、地上と上空の気温差が大きく大気の状態が不安定でした。さらに、気象庁のアメダスで観測された風の分布を見ると、つくば市周辺は南風と北西風がぶつかる領域にありました。このように、①日射の影響により地上気温が上昇したこと、②上空に強い寒気が流れ込んでいたこと、③風がぶつかる領域であったこと、という複数の要因が重なったことで、関東地方にはスーパーセルと呼ばれる巨大な積乱雲が発生しました。このスーパーセルが竜巻をもたらした原因です。

つくば市内の大学の屋上から、筆者はこの竜巻を目撃しています。頭上には背の高い黒い雲が広がり、この時は強い南寄りの風が吹いていました。強風の中、竜巻が遠くに見えましたが、竜巻がゆっくりと進む姿がとても怖かったことを覚えています。

将来、地球温暖化が進むと、この事例のような重大な災害を引き起こす竜巻が増えるのか？という疑問があります。地球温暖化が進んだ場合、竜巻は発生しやすくなるという意見が多いのですが、現在のところ竜巻の発生する条件やメカニズムが完全に解明されていないため、地球温暖化と竜巻の関連性ははっきりとわかっていません。

- ●日本で発生した竜巻としては最大クラス
- ●スーパーセルの発生が国内最大級の竜巻の発生をもたらした

高度5500m付近の天気図（2012年5月6日9時）

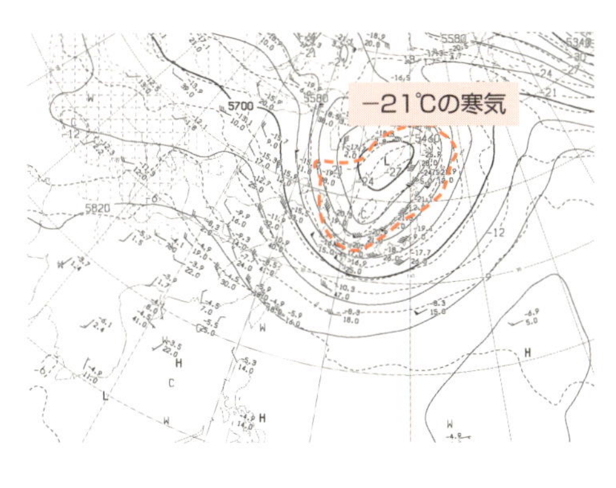

地上天気図（2012年5月6日9時）

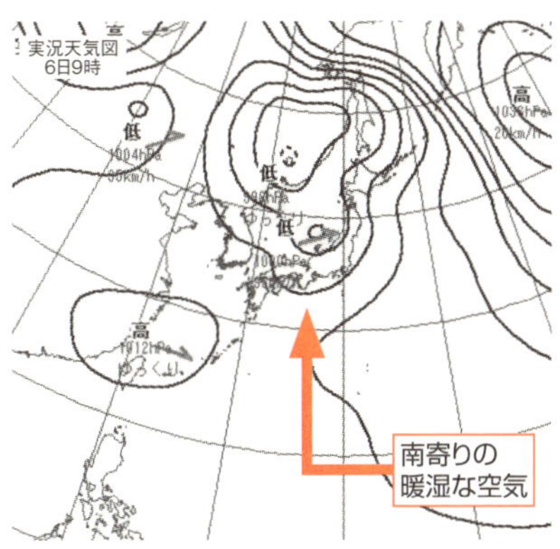

つくば市で発生した竜巻の写真（筆者撮影）

アメダスによる風分布（2012年5月6日13時）

南寄りの風と北西寄りの風の境界

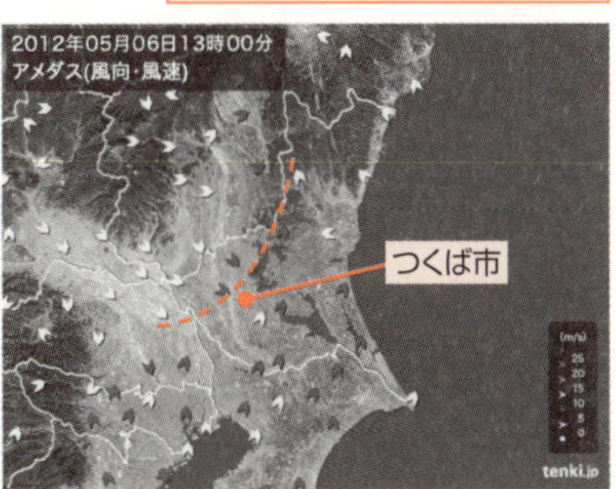

用語解説

スーパーセル：回転する巨大な積乱雲。一般的な積乱雲よりも雲の寿命が長く、豪雨や雹、突風、竜巻などの激しい気象現象をもたらす。
アメダス：気象庁による自動気象観測システム。気温・風向・風速・日照時間を観測している地点は全国で840カ所ほどある。

Column

改良藤田スケール

「改良藤田スケール」「Ｆスケール」といった言葉を聞いたことがあるでしょうか。日本出身、アメリカシカゴ大学で研究を続けた気象学者・藤田哲也博士の名前にちなんだ、竜巻の強さをあらわす尺度です。

竜巻ではとても強い風が吹きますが、その範囲は極めて狭いので、通常の気象観測所のデータでは十分に状況を把握することができません。そこで藤田博士は被害状況から竜巻の強さを推定する手法を考案しました。弱いほうからＦ０～Ｆ６の７段階で表現します。Ｆ５やＦ６では風速は１００ｍ／ｓ以上に達し、住居は跡形もなく吹き飛ばされ、自動車・列車など数トンもある物体が宙を舞うことになります。なお、日本ではこれまでにＦ４以上の竜巻は観測されていません。

藤田（Ｆ）スケールは、年間１０００個以上の竜巻が観測される「竜巻大国」アメリカで考案されたものであり、日本の建築物などの被害に適用しにくい点などがあるため、気象庁は日本版改良藤田スケール（ＪＥＦスケール：ＪＥＦ０～ＪＥＦ５）を作成し、２０１６年度から竜巻をはじめとする突風調査に使っています。日本版改良藤田スケールでは、屋根ふき材（瓦・トタンなど）や自動販売機など、わが国ならではの指標と被害状況の組み合わせで強さが判別できるよう工夫されています。２０１６年7月には梅雨末期の不安定な天候状況の中、各地で竜巻やその他の突風が観測され、ＪＥＦ1クラスの事例も3件発生しています。

藤田博士は渡米後、早い時期から飛行機などを活用して精力的に調査・研究を重ねました。米国内を北から南まで飛び回り、３００以上の竜巻を調査したそうです。1998年に亡くなられましたが、Ｆスケールとともに、彼の業績は「ミスター・トルネード」として今でもたたえられています。

第4章

気温の異常気象

26 四万十はなぜ暑くなったのか

2013年8月の日本最高気温

近年、35℃以上の猛暑日となる日数が増え、体温を上回るような暑さとなる日も多くなっています。2013年8月12日には、高知県四万十市江川崎で最高気温41・0℃を記録し、日本一暑い場所として一躍注目を浴びるようになりました。この年の夏は全国的に暑く、日最高気温の高い記録を更新した地点は143地点（タイ記録含む）にのぼりました。このときの日本付近の気圧配置は太平洋高気圧と上空のチベット高気圧に覆われていました。

これらの高気圧が勢力を増したのは、インド洋周辺の海面水温が高く、対流活動が活発となって上昇気流が強まり、日本付近で下降気流が強まったためと考えられます。また、偏西風が北へ蛇行してチベット高気圧が日本付近まで張り出し、西日本ではこのチベット高気圧と太平洋高気圧が重なる二段構えで大気が安定してよく晴れました。また、気温を下げるようなにわか雨も少なくなりました。

江川崎の高温には、地形的な要因も大きく関係しています。江川崎は沿岸部から離れた内陸に位置し、周囲を1000m級の山々に囲まれる盆地で、海風の影響も受けにくくなっています。この日は、西寄りの風が吹き込み、山を越えてフェーン現象によって昇温した空気が江川崎に流れ込みました。

これらさまざまな要因が重なり、江川崎では最高気温の記録を塗り替え、さらには40℃以上の日が4日連続で記録されましたが、1929年7月20日と8月1日にも41・0℃を記録しています。しかし、この時代は委託観測所であったことから正式な記録として扱われることはありませんでした。そのため、これは幻の記録となっていますが、昔から江川崎は暑かったのです。

ちなみに、日本での最低気温の記録は、1902年1月25日に北海道旭川で観測された氷点下41℃であり、くしくも符号を取ると同じ数字です。

要点BOX

- 太平洋高気圧とチベット高気圧が重なる高気圧の二重構造
- 四万十の盆地地形とフェーン現象

2013年夏（6月～8月）の日最高気温とアメダス江川崎

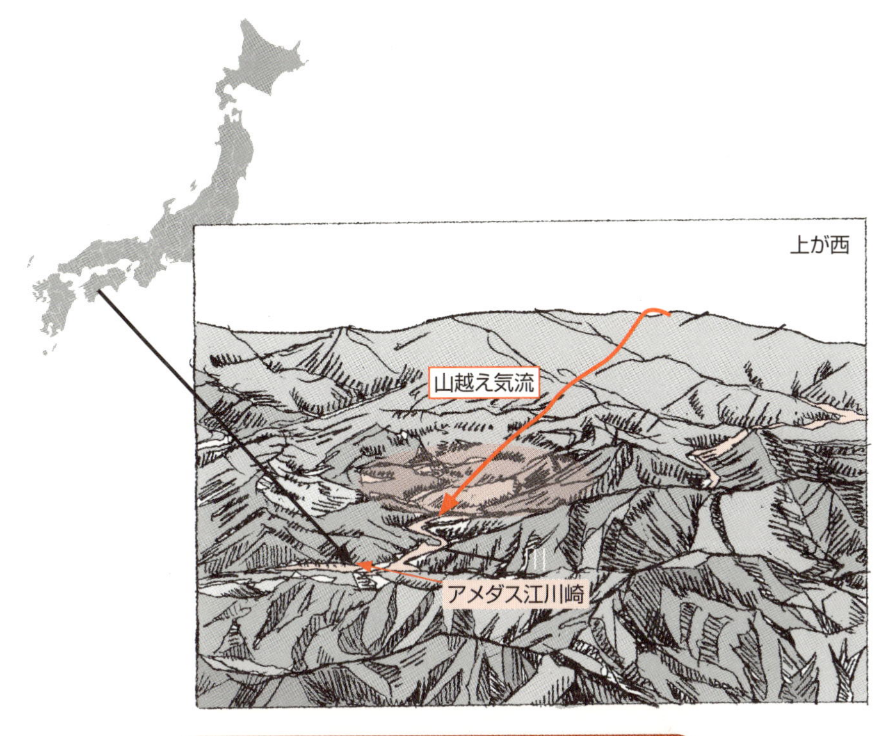

2013年夏の大気の流れと気圧配置の特長

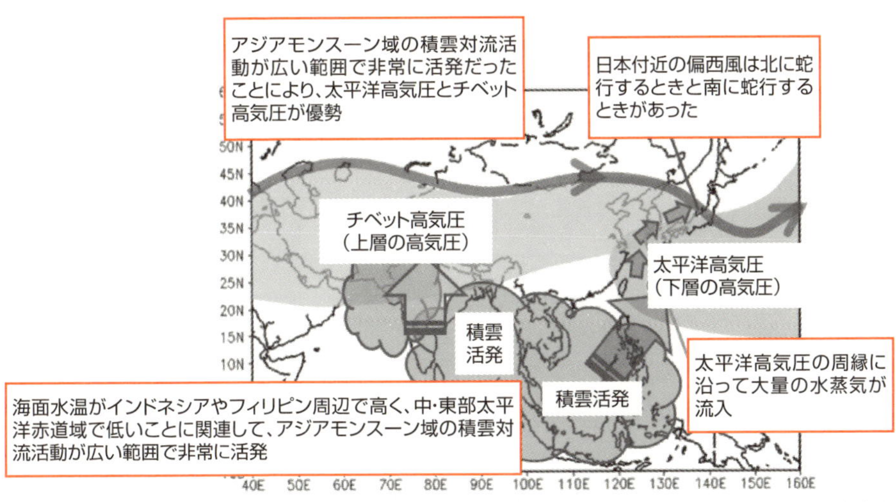

出典：気象庁

27 北半球を襲った異常高温

ヨーロッパ、インド、アメリカでの夏の高温

近年、世界のさまざまな地域で記録的な高温が観測されています。2015年の世界の年平均気温は、平年値（1981～2010年の30年平均値）より0・42℃高く、1891年に統計を開始して以来、最も高い値となりました。世界の年平均気温は、長期的には100年あたり約0・71℃の割合で上昇しており、特に1990年代半ば以降、平年値よりも高温な年となる頻度が高まっています。

ヨーロッパでは偏西風の南北蛇行により、アフリカ大陸方面から南寄りの暖かい風が吹き込むことが高温発生の要因の一つと考えられています。北半球の場合、偏西風が南から北側に吹く地域では南からの暖かい空気が流入しやすく、偏西風が北側に蛇行する地域の東側や南側では高気圧が発達し、晴天域が広がりやすくなります。また、2003年の熱波について、ヨーロッパでは、冷房機器がほとんど普及していなかったために熱中症の被害が多数発生しました。

インドでは、湿気を含んだモンスーンが南西から陸地へ吹き込むことにより、雨が降り、気温の上昇を抑えます。しかし、モンスーンが海上に留まり陸地へ吹き込まないと雲が発生しにくくなり、高温発生につながると考えられています。そのため、インドは、モンスーン入りの直前にあたる5月が年間で最も気温の高い時期となります。インド北西部のファローディでは、2016年5月19日にインド国内での最高となる51℃を記録しました。

アメリカでは、熱波が閉じ込められるヒートドームが高温発生の要因の一つとなります。高気圧に覆われて気温が上がるだけではなく、上空からも熱い空気が降り、さらに風が弱いために、その熱が動かず地上付近に留まることにより、ヒートドームが発生します。その例として、アメリカのラスベガスにあるマッカラン国際空港では、45℃近い気温が2016年7月23日から3日間連続しました。

要点BOX

- ●世界の年平均気温は長期的に上昇
- ●インドのファローディでは、2016年5月19日に51℃を記録

世界の平均気温偏差

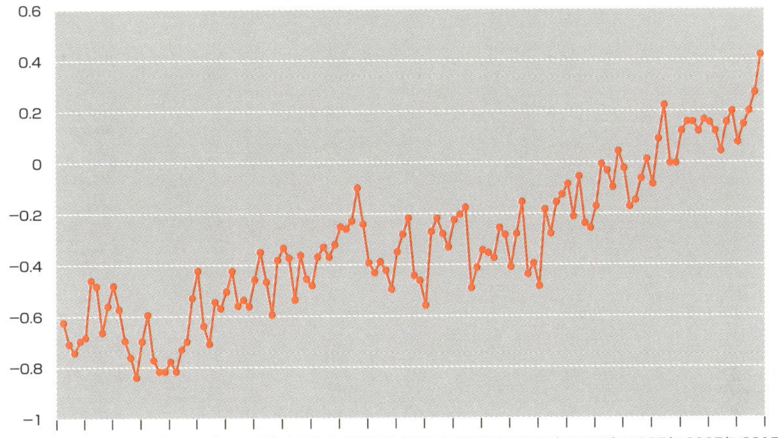

出典:tenki.jp「日直予報士」

世界各地の異常高温(2015年)

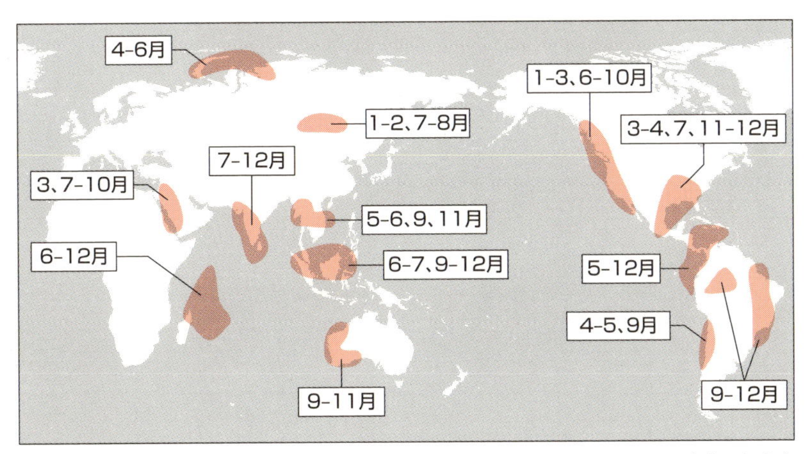

出典：気象庁

用語解説

ヒートドーム：高気圧に覆われて気温が上がることに加え、上空からも地上付近に熱い空気が降りてくることで、さらに気温が上昇する。また、地上の風が弱いために、その熱が地上付近から動かず、どんどん蓄積されて高温をもたらす。

28 冷害をもたらすやませはどこから吹くのか

オホーツク海高気圧がもたらす冷たく湿った風

やませとは夏の頃、主に東北地方の太平洋側に吹く冷たく湿った北東風です。霧を伴うことも多く、やませが続くと低温と日照不足により農作物に大きな被害を与えることがあります。

やませが吹く際の特徴はオホーツク海高気圧が日本付近に張り出していることです。オホーツク海高気圧から吹き出す風が、寒流である親潮の上を通る際に冷やされることで冷たく湿った風になります。オホーツク海高気圧は偏西風が大きく蛇行すると、数週間に渡り停滞することがあります。

やませと切り離せない関係にあるのが稲の冷害です。冷害には遅延型冷害と障害型冷害の2種類があります。遅延型冷害は稲の生育の前半に冷温や日照時間の不足により、生育不良で出穂（しゅっすい）（稲の茎から穂が出ること）が遅れる冷害です。受粉して米粒が大きくなる期間が秋の低温期にかかってしまうことで、実りが少なくなってしまいます。障害型冷害は穂ばらみ期に一時的な冷温の影響により、主に花粉の形成が阻害されて、受粉・受精が妨げられ、中身がないもみが多くなる冷害です。やませは稲にとって大切な時期に吹くことが多いので、両方の冷害に結びついてしまいます。東北地方は米の栽培に適した気候ですが、予想外のやませによる冷温で大きな被害を受けることがあるのです。近年では1993年や2003年に、やませによる冷風で稲に大きな被害がありました。

なお、やませの影響範囲は東北地方では主に太平洋側に限られます。やませは北東風ですから、日本海側に達するには奥羽山脈を越えることになります。風が奥羽山脈を越える時にフェーン現象によって昇温し、風下側では乾燥した暖かい風になります。そのため、やませの時、日本海側では乾燥した適度に暖かい風が稲の病気を防ぎ豊かな実りをもたらすこともあり「宝風」と呼ばれることもあります。

要点BOX
- ●やませは夏に北日本に吹く冷湿な北東風で、太平洋側では冷害をもたらす
- ●日本海側では時には「宝風」になることもある

偏西風の蛇行とオホーツク海高気圧

東シベリア付近で偏西風が北に蛇行

偏西風
（寒帯前線ジェット）

オホーツク海
高気圧

オホーツク海高気圧から
吹き出す冷たく湿った
東風（やませ）

偏西風の蛇行により
オホーツク海高気圧が
発生しやすい

偏西風
（亜熱帯ジェット）

出典：気象庁

やませとフェーン現象

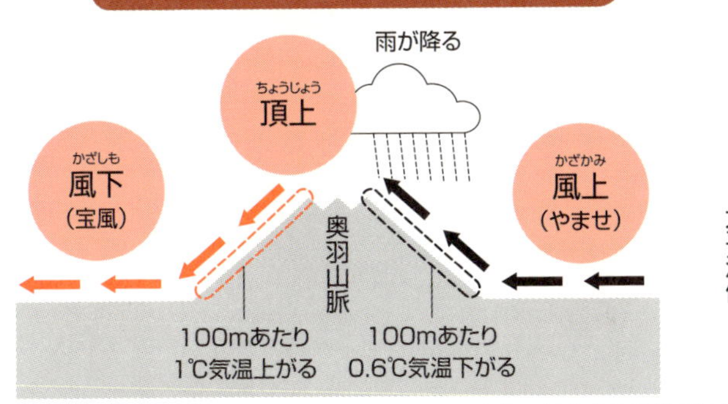

出典：気象庁の資料をもとに作成

稲の生長と冷害の時期

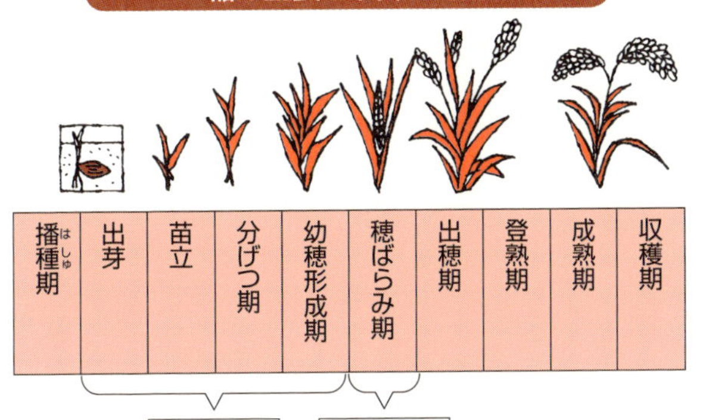

出典:農林水産省、兵庫県の資料をもとに作成

29 風のない晴れた夜が霜害をもたらす

放射冷却による朝の冷え込みと霜害の発生

農業生産者にとって霜害の発生は深刻な気象災害のひとつです。霜害は、生育期間中の農作物が低温によって植物体の細胞が凍結することで障害を受ける農業気象災害です。霜害は必ずしも降霜に起因するわけではないので、霜が降りなくても霜害が発生することがあります。降霜を伴う霜害を「白い霜害」、降霜を伴わない霜害を「黒い霜害」と呼ぶこともあります。1975年にブラジルで発生したコーヒー豆の大霜害は黒い霜害の代表例です。

霜害は発生する時期によって晩霜害（春季）と早霜害（秋季）に分けられますが、発芽期、開花、結実期に関わる晩霜害の被害の方が大きいとされています。この晩霜害の最も発生しやすい気象条件が移動性高気圧と上空の寒気です。上空に強い寒気がまだ残るなか、移動性高気圧に広く覆われてよく晴れると、夜間に地表付近の熱が上空に奪われる放射冷却が盛んになり、地面付近の気温が急速に低下します。

左のページの天気図は、福島県の果樹や静岡県のお茶など広範囲で霜害が発生した2013年4月13日と、その前日の地上天気図と上空の寒気を示しています。4月12日は冬型気圧配置となり上空には真冬並みの強い寒気が入っています。霜害が発生した4月13日は、この寒気が東日本の上空に居座ったまま移動性高気圧に覆われ、東北南部から九州にかけて晴れて風のない穏やかな夜となり、各地で気温が0℃前後まで低下しました。このように、霜害の発生には季節はずれの強い寒気が関係しています。

なお、霜害の防止には地表付近の冷気を拡散させて昇温させる「送風法」、水が凍るときの凝結潜熱を利用し散水して氷結させる「散水氷結法」、被覆材で放射冷却を弱める「被覆法」、人工的に霧や煙霧を発生させる「人工霧法・煙霧法」、燃料を燃やすことで直接昇温させる「燃焼法」が行われます。散水氷結法はまさに氷によって氷を制する方法といえます。

要点BOX

- 霜害は生育中の作物の細胞凍結による被害
- 上空に季節はずれの寒気が残り、風のない穏やかに晴れた夜は、霜害の発生に要注意

霜害が発生する条件と仕組み

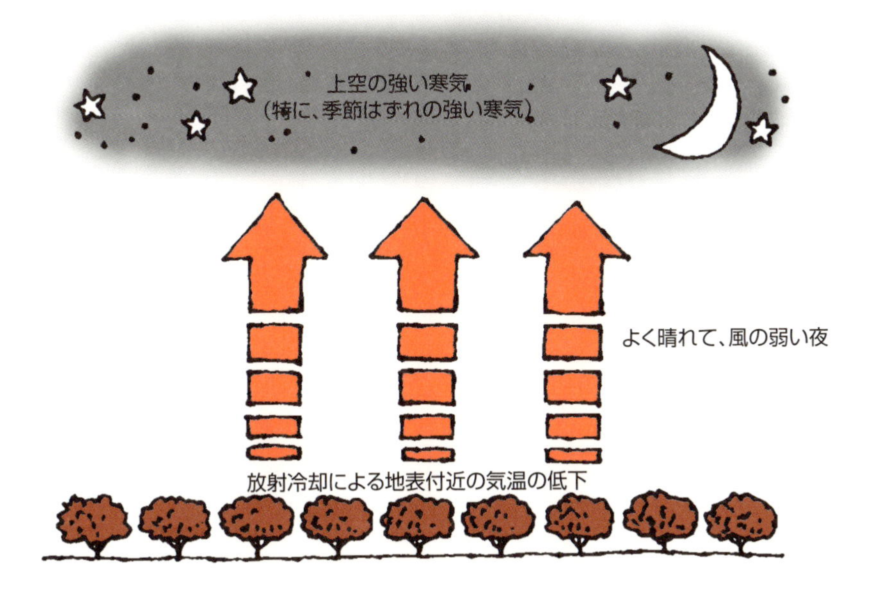

霜害発生時の天気図

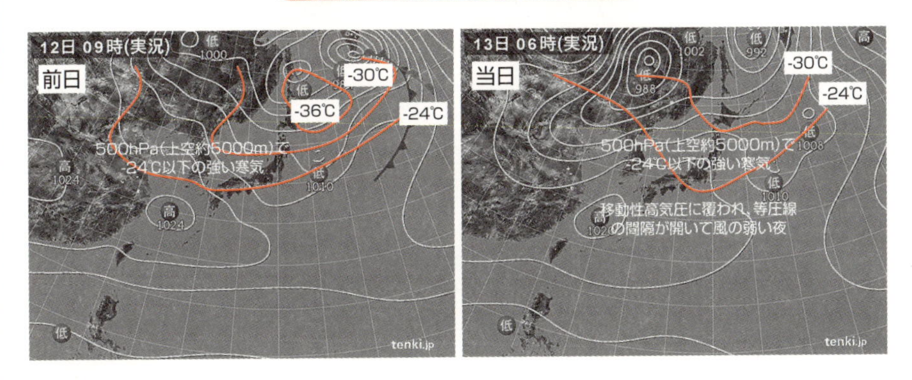

前日に季節はずれの強い寒気が入った後に、その寒気が残ったまま移動性高気圧に覆われ、東北南部から九州にかけて、晴れて風の弱い夜になったことで霜害が発生やすい気象条件となりました。

用語解説

水の凝結潜熱：水1gが氷に変化するときに出す熱のこと。約80cal。
くん煙：北海道でよく行われる「煙霧法」による霜害防止のこと。

30 つるつる路面はどうしてできる？

スタッドレスタイヤの普及で多発している「つるつる路面」

積雪寒冷地域では、気温が氷点下になると道路上の水分が凍結し凍結路面となります。自動車はスタッドレスタイヤの装着、歩行者も滑りにくい靴を履くなどスリップ対策をします。スタッドレスタイヤが普及した1990年代からは、自動車の通行量が多い交差点で特に滑りやすい「つるつる路面」が発生するようになりました。また、路面上に薄い氷が張ると、黒く見えて凍結に気づかない「ブラックアイスバーン」も発生します。橋梁や河川沿いの道路では、夕方や夜間に路面が乾燥していても、朝方に大気中の水分が凝結して、霜凍結となることもあります。

路面が凍結するかどうかは、主に路面温度によって決まります。路面温度は、路面への日射量の供給と路面から大気への長波放射、路面から風で運ばれる熱、水の凍結や氷の融解によって放出・供給される熱、地中からの熱のバランス（熱収支）によって決まります。これらを物理法則に基づいて計算し、路面温度を予測することが実用化されています。

しかし、つるつる路面と呼ばれる凍結路面は、路面温度や気温が低下するほど発生しやすいわけではありません。気温が-10℃以下まで低下するような旭川市などでは路面状態は「圧雪」が多く、非常に滑りやすい路面状態はあまり発生しません。

実は氷自体の表面は滑りやすいわけではありません。日射や車両の通過によって氷表面に融解した水膜が凍結路面を滑りやすくする原因です。氷に圧力を加えると溶けやすくなる性質があり、自動車の重さや発進停車によるタイヤの摩擦が加わると、氷の温度が0℃よりやや低くても融解し水膜ができます。このため、気温が0℃から氷点下数℃の状態が、最も滑りやすい条件となります。道路管理者はこのような凍結路面に対し、即効性と持続性、気温や降水など気象条件、環境への配慮、経済性などを勘案し、最適な凍結防止剤を散布するなど対策を行っています。

要点BOX

- 滑りやすい路面の原因は自然条件と人為条件
- 氷の表面の水膜がスリップの原因であり、気象条件や効能に応じた適切な路面管理が必要

つるつる路面の発生状態

凍結路面の対策方法

対策方法	効果
凍結防止剤・砂の散布	広範な実施に効率的
散水施設	主に融雪が目的 低温時は逆効果
ロードヒーティング	維持費が高価 歩道など短距離の施工
舗装素材の工夫 ・廃タイヤゴム等の活用 ・凍結抑制剤の混合 ・凹凸の粗い舗装表面	凍結時間の短縮 凍結防止剤散布・除雪回数の低減 適切な維持管理が必要
氷に傷をつける滑り止め	専用の機械が必要

主な路面状態

乾燥	路面上に水分や氷がない状態
湿潤	雨が降った場合など路面が濡れた状態
シャーベット	気温上昇や車両の通行で溶け始めた水混じりの雪が路面に残った状態
新雪	路面に雪が自然に積もった状態
圧雪	車両の繰り返しの通行や自重により、密度の高い雪層となった路面
ミラーバーン つるつる路面	スタッドレスタイヤの普及に伴い増加した鏡面のような路面。 非常に滑りやすい。
ブラックアイスバーン	路面に薄い氷の膜ができた状態、夜間など凍結に気づきにくい

用語解説

凍結防止剤：雪や氷などを溶かしたり、路面に氷が張るのを防いだりして、生活に支障が出ないようにするもの。塩化カルシウムや塩化ナトリウムなどが使用されている。

31

2003年夏の異常低温による冷害

北日本を中心とした1993年以来の冷夏

平成の米騒動といわれた1993年の冷夏をまだ覚えている人も多いと思いますが、2003年の夏も記録的に寒い夏になりました。特に7月は低温、寡照（日照不足）、多雨が著しく、気象官署152地点（気温は150地点）のうち14地点で月平均気温の低い記録、26地点で月日照時間の最も少ない記録、2地点で月降水量の記録を更新しました。7月の北日本では平均気温が平年を上回る日がなく、下旬には平年より4℃以上下回る日も出現しました。北海道、東北地方太平洋側から東海地方を中心に農作物に被害が生じ、水稲の全国平均の作況指数は90となり、九州から北海道にかけての農業被害額は3938億円に達しました。

過去の冷夏と比較すると、1993年よりは気温は高いものの、東北地方では2003年の方が多雨で日照時間が少なくなっています。また、戦後最大の冷夏といわれた1980年と比較すると、2003年の方が低温かつ寡照です。東北地方に限れば、1980年冷夏を上回り1993年冷夏に次ぐ寒い夏だったといえます。

特に低温が著しかった2003年7月の大気の流れを見てみます。北半球には寒冷前線ジェット気流と亜熱帯ジェット気流の二つの偏西風があります。7月の亜熱帯ジェット気流は平年よりも強く、その位置が南に偏り日本の上空を通過しています。また高緯度には寒冷前線ジェット気流があり、これも平年より強い偏西風の流れとなっています。二つのジェット気流にはさまれ極端な弱風域が形成されたため、オホーツク海高気圧が例年より発達し、その位置が余り動かずに居座り続けました。こうして梅雨前線による長雨や日照不足が続き、東北地方では梅雨明けがありませんでした。8月にもオホーツク海高気圧が東海上から張り出し、東北地方では「やませ」が吹き続け、記録的に寒い夏が引き起こされることとなりました。

要点BOX

- ●「戦後最大といわれた1980年」を超える冷夏
- ●二つの強いジェット気流にはさまれ、オホーツク海高気圧が例年より発達して停滞

2003年夏(6月〜8月)の気温・降水量・日照時間の平年差

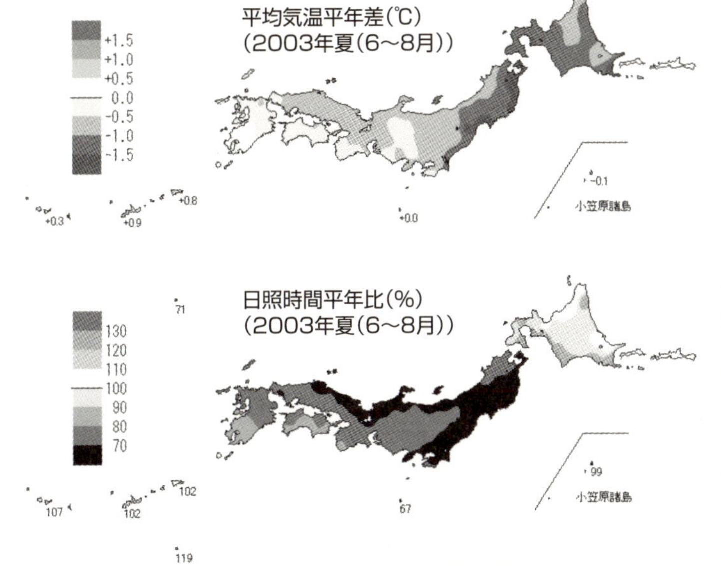

特に、東日本の太平洋側で6月〜8月の平均気温が平年より1℃以上低く、日照時間が平年の70%以下となり、著しい冷夏になったことがわかります。

出典:気象庁

2003年7月の大気の流れと気圧配置の特徴

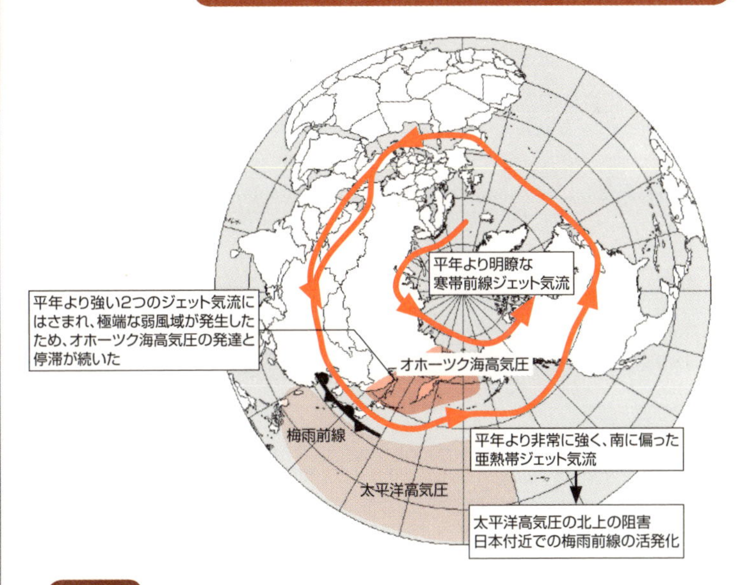

出典:気象庁

用語解説

寒帯前線ジェット気流と亜熱帯ジェット気流：西から東に向けて上空8000〜11000mを流れる強い偏西風。季節によってその位置や強さが変化し、日本の四季の変化に大きく影響する。

Column

明治時代の東京の気候

近年、東京都心など都市部では夏の熱帯夜の増加や、冬でも最低気温が氷点下になることがまれとなるなど、「温暖化」がよく話題になります。これらは地球規模の現象というより、都市化の進行に伴う影響が大きいと考えられます。

例えば、明治時代の東京の気候はどうだったのでしょうか。明治前半の東京府（当時は都でなく府でした）の人口はおよそ１００万人（現在の１／15）。市街地の広がりも現在の１／50程度で、区部でも郊外には田畑が多く、市街地の建物も平屋が主体でした。また、電力やガスなどのエネルギー消費が急増するのは１９５０年代以降であり、明治では生活に伴う排熱量は炊事などに伴うわずかなもので、中央区付近で試算すると1平方mあたり3ワット程度でやはり現在の約１／50です。

近年の夏や冬の典型的な日の気象条件で、都市の条件（土地利用などの地表面条件や人工排熱量）を変化させて明治時代の気温変化を再現してみました。夏の場合、現在との気温差は夕方ごろに最も大きくなり、23区のエリア平均で４℃弱、現代よりも涼しかったと推定されます。冬では、気温差の最大は朝方の最も寒い時刻となりますが、やはり４℃ほど冷え込みが厳しかったようです。要因のうちでは排熱量の変化よりも土地利用の変化の影響のほうが大きく、都市化・宅地化や建物の高層化がすすんだため、都市全体が熱をためこみやすい状況になったと考えられます。

なお、実際の東京管区気象台のデータでみても、8月、1月の月平均気温は１００年間でそれぞれ2℃、3℃程度上昇しています。同じ関東地方でも都市化が著しくない地点では上昇の程度はこれより小さいことから、やはり都市化が大きな影響をもたらすことがわかります。

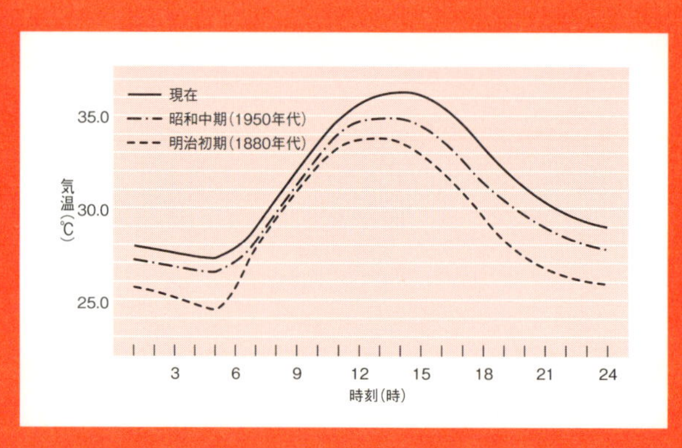

第5章

雪の異常気象

32 豪雪年と少雪年の違い

豪雪と少雪を分ける偏西風の蛇行の継続と位置

２００５年12月から２００６年1月上旬は強い冬型気圧配置が継続し、日本海側を中心に記録的な豪雪となりました（平成18年豪雪）。また、２０１４年2月は2週間にわたり低気圧が太平洋岸を通過し、関東甲信越地方が豪雪に襲われました（平成26年豪雪）。

このような豪雪年は、日本上空の偏西風の流れが平年と異なります。平成18年豪雪では、日本上空で偏西風が南に大きく蛇行して、北極地方から強い寒気が続けて流れ込みました。地球を巡る偏西風が大きく蛇行したため、北アメリカ大陸北部やユーラシア大陸中部では高温少雪でした。平成26年豪雪では、北緯30度付近の偏西風が日本付近で南下し、日付変更線付近で北上しました。そのため、日本の南岸で発生した低気圧が、日本の東で強まった高気圧に阻まれて、発達しながらゆっくり東進しました。それが、豪雪の原因となりました。この冬は、偏西風の大きな蛇行により、ソチ冬季オリンピックで高温・雪不足となるなど、世界的な異常気象の年となりました。

一方、２０１５年12月から２０１６年2月の冬は、全国的に暖冬少雪となりました。この時期の偏西風は、中国では南に日本では北に蛇行したため、日本付近には寒気が南下しにくく暖冬少雪となりました。

このような日本の天候や偏西風の蛇行は、エルニーニョ／ラニーニャ現象に影響を受けています。平成18年豪雪ではペルー沖の海水温が平年より低くなるラニーニャ現象が発生し、２０１５年12月から２０１６年2月の暖冬ではペルー沖の海水温が高くなるエルニーニョ現象が発生していました。

元来、豪雪と少雪を分けるような偏西風の蛇行の違いは、人間活動が関与しない自然状態でも発生する現象です。しかし近年では、未解明な点があるものの、地球温暖化によって偏西風の蛇行パターンが変化することで、シベリア高気圧が強化されて日本への寒波の影響が増える可能性が指摘されています。

要点BOX

- 偏西風の大きな蛇行は、世界の冬の気候を左右
- 偏西風が南に蛇行すると低温豪雪、北に蛇行すると高温少雪

寒冬多雪年と暖冬少雪年の偏西風の違い500hPa高度・偏差）

2005年12月～2006年2月

北極上空から見た図

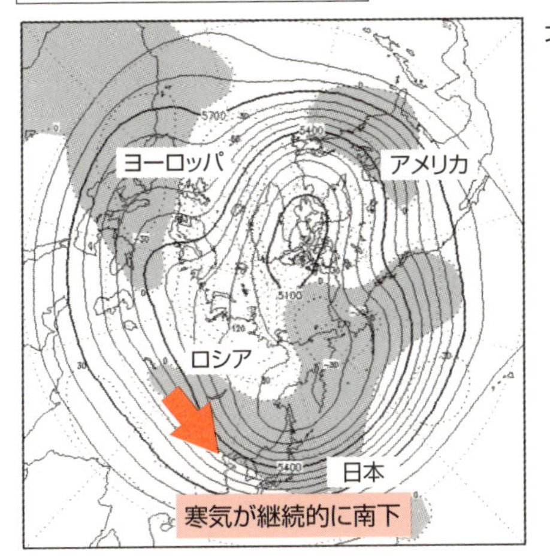

2015年12月～2016年2月

北極上空から見た図

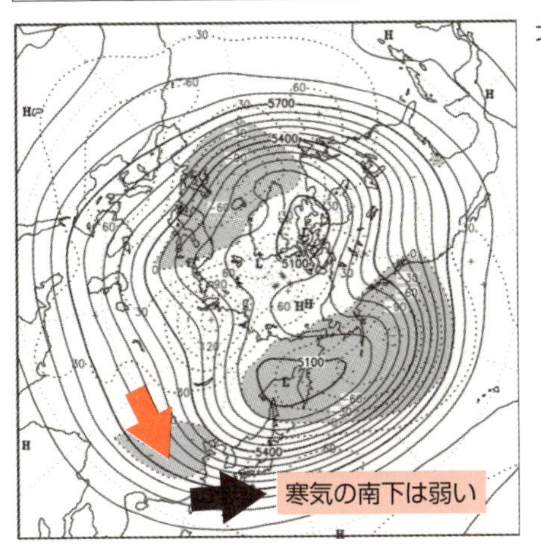

出典:気象庁の資料に一部加筆

偏西風は等高線（実線）に沿って、北極上空から見て反時計回りに吹く。

等値線間隔　実況（実線）60m、偏差（破線）30m
陰影域は平年より気圧が低い負偏差

33 どうして大雪が降るのか？

局地的大雪の発生原因と大雪後の雪崩

冬型気圧配置や南岸低気圧による広域の降雪では、標高約1500mで-9℃以下、標高約5500mで-35℃以下の寒気の南下が、大雪の目安となります。

北海道地方では、冬型気圧配置が緩み内陸部が晴れて低温となると、標高の高い内陸部から沿岸部に冷たい風が吹き出します。上空には非常に強い寒気が残り、北海道西海上からの季節風と内陸部からの冷たい気流がぶつかると石狩湾付近に石狩湾小低気圧が発生し、局地的大雪をもたらします。例えば、2011年12月5日の札幌は7㎝の降雪でしたが、札幌市から約30㎞北東の新篠津では54㎝の大雪でした。

また、北陸・山陰地方では日本海寒帯気団収束帯（JPCZ）により大雪となることがあります。これは朝鮮半島北部の白頭山（標高約2700m）によって強制的に二分された季節風が、日本海で再び合流し雪雲がライン状に収束する現象です。JPCZ内では小低気圧が発生することもあり、JPCZや小低気圧付近では局地的大雪や発雷、降雹となります。2015年1月1日から2日にかけての大雪（福井市60㎝、豊岡市52㎝）はこのJPCZによるものです。このとき、京都市では61年ぶりに22㎝の積雪となりました。

積雪斜面に短時間に多くの雪が降ると表層雪崩の危険性が高まります。融雪期に多く発生する全層雪崩と異なり、規模の大きな表層雪崩のほとんどは弱層と呼ばれる積雪層の中で相対的に強度の弱い層を境に、その上部の積雪が滑り出すことによって発生します。表層雪崩には前兆現象がないため、雪崩の危険性の判断には積雪内部の弱層の有無を調べることが重要です。弱層の要因としては、古い積雪表面が変質した「表面霜」や「しもざらめ雪」、雲粒の付いていない「降雪結晶」や「あられ」があげられます。なお、一般的には降雪の後は時間の経過とともに圧密と焼結によって雪粒子の結合が強まり、雪崩の危険性は次第に低下します。

要点BOX

- 日本海側では地形性の小低気圧やJPCZにより「どか雪」が発生する
- 大雪後の表層雪崩には前兆現象がない

石狩湾小低気圧(上)とJPCZ(下)による大雪

2011年12月5日

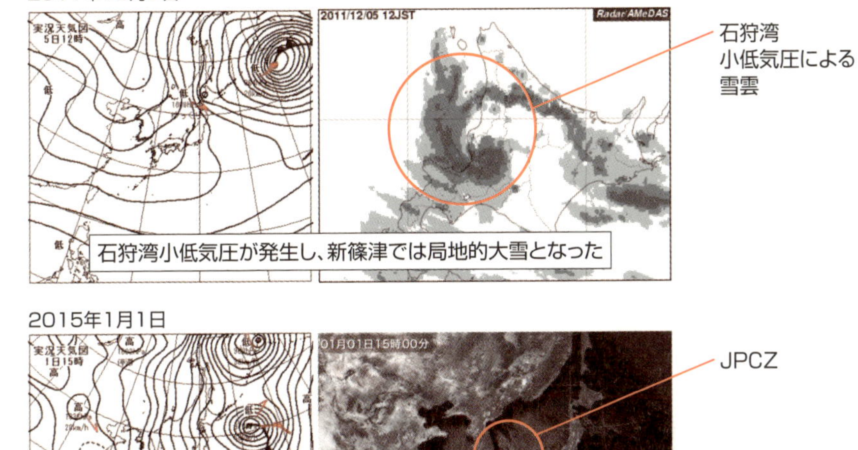

石狩湾小低気圧が発生し、新篠津では局地的大雪となった

2015年1月1日

天気図では解析できないJPCZが上陸した北陸・山陰地方で局地的大雪となった

大雪による表層雪崩の発生と要因

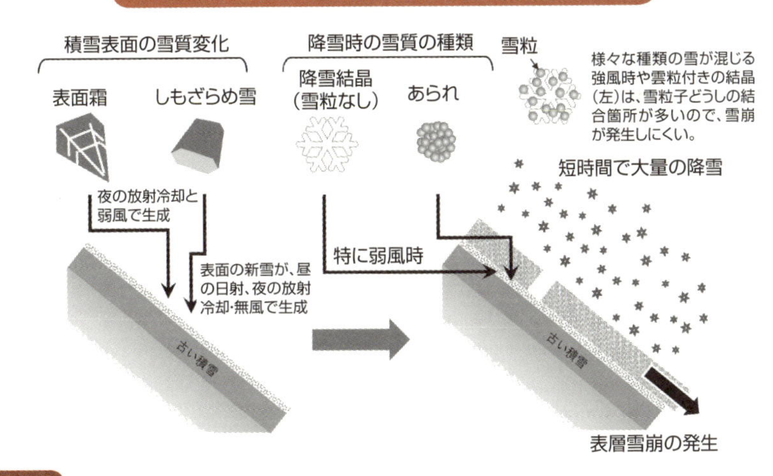

用語解説

焼結：0℃以下の温度であっても雪粒子の接触点が次第に太くなり結合する現象。冷凍庫の保存した氷どうしが時間の経過とともにやがて一塊の氷になってしまうのも、この焼結作用による。

しもざらめ雪：積雪内部の温度差による昇華と凝結を繰り返すことによって、雪粒が霜の結晶におきかわったもの。非常にもろく、表層雪崩の原因となる。

34 白魔が視界を奪う！ホワイトアウトとは？

吹雪や地吹雪がもたらす視程障害

いったん地面に積もった雪が風によって再び空中に舞い上がる現象を吹雪と呼びます。特に、吹雪のうち降雪を伴わない場合には、地吹雪と呼んで区別することがあります。吹雪中の雪粒子の動きは複雑ですが、一般的には「転がり（creep）」「跳躍（saltation）」「浮遊（suspension）」の三つに区分されます。風が弱いときの吹雪は「転がり」と「跳躍」のみで構成されますが、風が強くなると吹雪は「浮遊」を含めたすべての運動形態をとるようになります。

吹雪の発生や程度には雪質や気温だけでなく、風速が最も強く関係します。また、風上側に十分な雪の供給源があり、発達に十分な助走距離（吹走距離）があることも条件です。すなわち、風上側に平坦な雪原が開けているような場所では吹雪が発達しやすいといえます。

以前は、冬型気圧配置に伴う北西季節風によって日本海側で吹雪が発生することが多かったのですが、最近では発達した低気圧によって、北海道東部でも深刻な吹雪災害がしばしば発生しています。吹雪の規模は風速に強く依存するため、前例を見ないほど猛烈に発達した低気圧は、これまでに経験したことがないような猛吹雪をもたらします。

特に著しい吹雪では「ホワイトアウト」と呼ばれる視界ゼロの視程障害に襲われることがあります。本来、「ホワイトアウト」は積雪と上空を覆う薄い雲によって地表と空の区別がつかず周囲が一様に白く見える現象を指しますが、最近では激しい吹雪や地吹雪に対しても使われます。この「ホワイトアウト」では、周囲が白一色の世界となり視界が完全に奪われるため、非常に危険な状態となります。また、吹雪による吹きだまりも深刻な吹雪災害を引き起こします。吹雪時の吹きだまりの成長速度はとても速いので、車が身動きできなくなるだけでなく、排気が車内に逆流し一酸化炭素中毒の危険が高まります。

- 吹雪は視程障害と吹きだまりをもたらす
- 吹雪は局地性の強い現象で、風が強く周囲が開けて平坦な場所で特に発達する

吹雪による視程障害と吹きだまり

上空には青空さえ見えますが、地面付近では激しい地吹雪によって見通しが極端に悪くなっていることがわかります。

吹きだまりに埋もれた道路。激しい吹雪では、たった一晩でも道路が大きな吹きだまりに埋めれてしまうことがあります。

吹雪時の雪粒子の運動と高さによる視界の違い

吹雪の大部分は、転動と跳躍層からなるため、地面に近いほど視界が悪くなります。そのため、トラックなどの大型車に比べて乗用車の方が視界が悪くなりがちです。

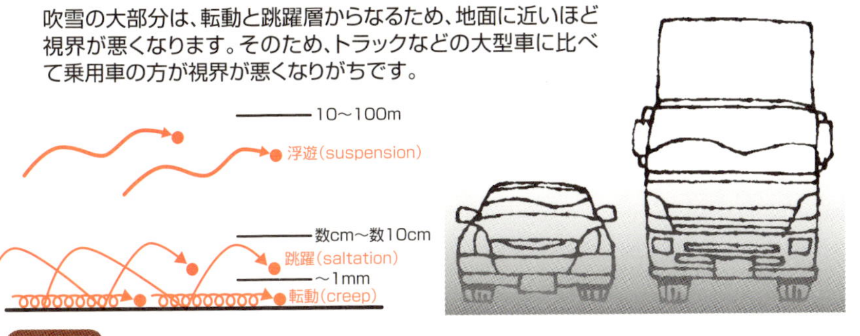

用語解説

吹走距離：吹雪の発生地点からの距離。 吹雪は発生後に吹走距離とともに発達して飛雪量が増加する。
吹きだまり：地形の凹凸や構造物の周囲で吹雪や地吹雪による飛雪が跳躍運動を停止した堆雪物。

35 空から降ってきた雨が凍る？

着氷性の雨（雨氷）と再凍結した雨（凍雨）

2016年1月29日から30日にかけて、長野県松本市郊外の扉温泉（標高1500m付近）の県道では150本以上の倒木が発生し、温泉地の集落が孤立しました。この原因は、「雨氷」という珍しい現象が発生したためです。同じ日に、関東平野の北東部に位置する筑波山でも雨氷を観測しました。また、地上634mの高さを誇る東京スカイツリーの上層部でも大規模な着氷が発生し、強風で剥離した氷の落下被害を避けるため、ツリー周辺が立ち入り禁止になりました。

また、2002年1月3日には、首都圏の内陸部を中心に大規模な雨氷が発生しました。この時は架線凍結を起こし、電車がストップしたり、路面凍結で坂道を車が上れなくなり、交通機関が麻痺しました。

雨氷は大気の下層が0℃以下であるにもかかわらず、上空に0℃以上のプラスの気温の層があることが原因となって生じます。雪がこの上層を通過する間に解けて雨になったものが、氷点下に冷やされると過冷却の状態になります。この状態の水滴が樹木や送電線等に付着して凍結を引き起こします。過冷却の水滴が落下中で凍って氷粒になった場合は「凍雨」と呼びます。

雨氷や凍雨をもたらす原因は低気圧です。低気圧の前面は上空に南からの暖かい空気を持ち込むため、条件が整うと雨氷や凍雨を降らせる原因になります。

また、雨氷が発生した2016年は、顕著な暖冬の年でした。暖冬の年は冬型の気圧配置が長続きせず、真冬の厳冬期でも日本付近に低気圧がやってきます。地表面付近の気温が低い時に、低気圧が上空にプラスの気温の層を作ることで雨氷や凍雨の起きる条件が整うと考えられます。

今後、地球温暖化により、暖冬の年が増えることが予想されますが、雨氷や凍雨の頻度も増える可能性がありそうです。

要点BOX

- 地表付近の気温が0℃以下だと、上空で雪から溶けた雨が過冷却水となって降ってくる
- 過冷却水となった雨が雨氷や凍雨をもたらす

2016年1月29日21時のつくば上空の気温の鉛直分布

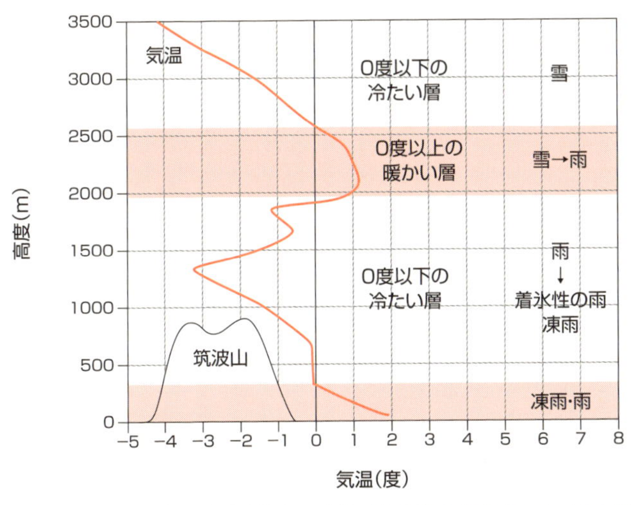

2016年1月29日21時のつくば上空の気温の鉛直プロファイルと降水の形態。降水の形態は気温から推定したもの。

出典:雪氷学会学会誌　雪氷78巻3号(2016)

傘に付着した雨氷

雨氷

29日23時ごろ
埼玉県北本市

用語解説

過冷却：通常、水は0℃以下になると氷に変わるが、ある一定の条件では0℃以下でも液体の水で存在することがある。このような状態を過冷却という。過冷却の水に振動などの衝撃を与えると、瞬間に凍ってしまう。

36 2013年3月の北海道での猛烈な吹雪

発達した低気圧による吹雪災害

2013年3月1日に日本海に東進した低気圧は、翌3月2日には急速に発達しながら北海道を通過し、千島列島付近に進みました。この低気圧によって北海道内では広範囲で猛吹雪となり、道内各地で計9名の方が命を落とす吹雪災害となりました。

近年の日本では、ひとつの吹雪災害で何人もの方が亡くなる吹雪災害は極めてまれです。毎冬、北海道では吹雪が発生しますが、この2013年3月の吹雪は他の吹雪といったい何が違っていたのでしょう。

2013年3月2日21時には、この低気圧の中心が択捉島付近にあり、中心気圧は台風並みの970hPaにまで低下しています。特に、北海道付近には南北に等圧線が非常に混み合っていることがわかります。等圧線の間隔が狭いほど強い風が吹くことを意味するので、このときの北海道は低気圧を取り巻く猛烈な暴風域の中にあったといえます。

気象庁では、中心気圧が24時間に17・8hPa以上低下（北緯40度の場合）した温帯低気圧を「急速に発達した低気圧」と呼んでいます。この低気圧も「急速に発達した低気圧」のひとつです。北海道では過去にも2004年1月（北見市豪雪災害）や2008年2月（長沼町吹雪災害）が「急速に発達した低気圧」に分類されます。しかし、この二つの低気圧は2013年3月の低気圧のように広範囲で多くの方が亡くなることはありませんでした。この三つの低気圧を大きさや中心気圧の低さを比較してみると、2013年3月の低気圧はそれほど大きくないものの、気圧の傾きが極端に急な低気圧であることが特徴です。

一方、2013年3月2日9時の地上天気図に着目すると、北海道付近は二つの低気圧に挟まれた弱風域になっています。事実、この日の昼間の道東地方は穏やかな天候であり、夕方以降に猛烈な暴風雪に急変しています。当日は土曜日で、昼間の穏やかな天候が油断を生んだという側面もあるのかもしれません。

要点BOX

- ●急速に発達する低気圧が天候の急変とともに、北海道にかつてない猛吹雪をもたらした
- ●等圧線の間隔から吹雪の強さを読み取る

2013年3月2日の地上天気図

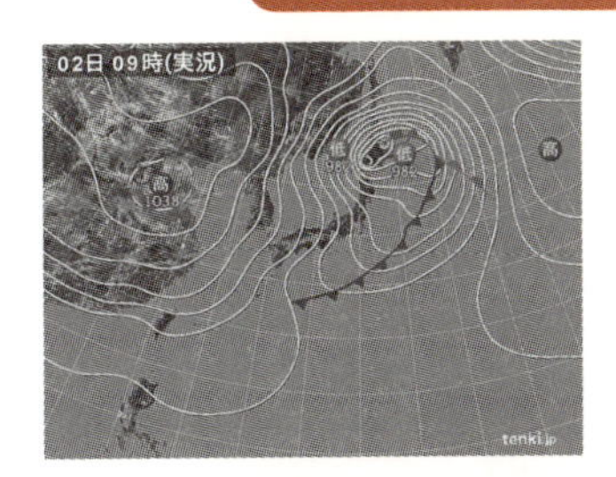

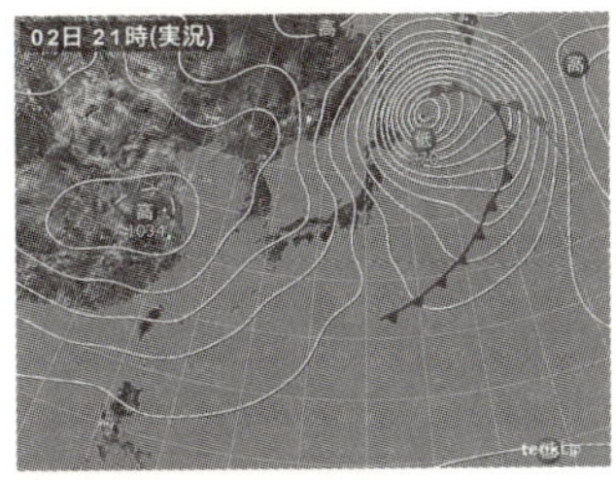

過去の吹雪災害時の低気圧の比較

2004年1月北見豪雪

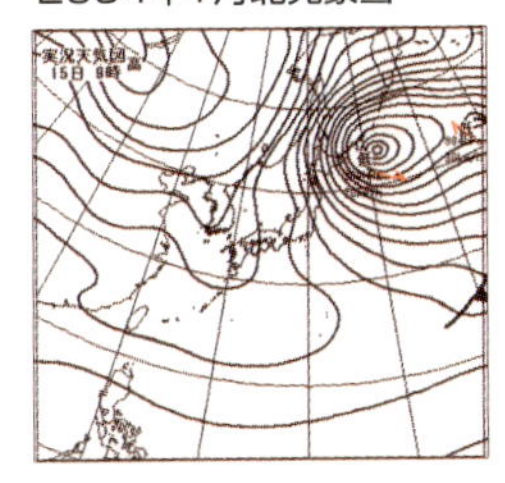

2008年2月長沼吹雪

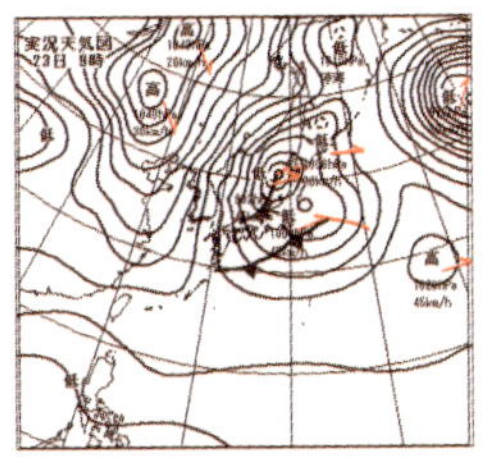

2013年3月急変吹雪

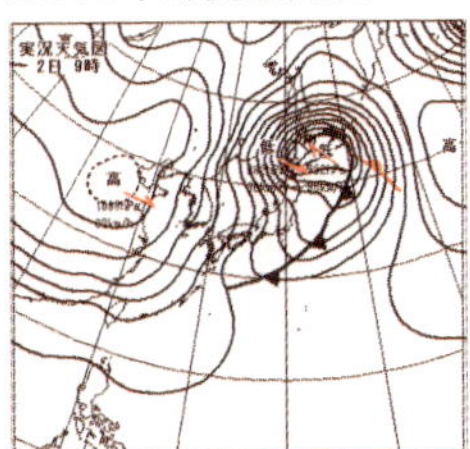

吹き返しの暴風雪･大雪長時

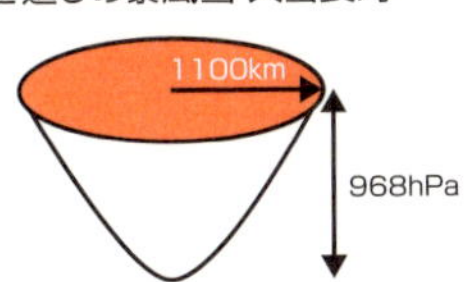

狭い範囲の暴風雪

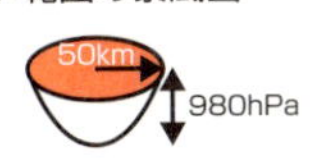

※発達した低気圧の"大きさ"と"強さ"をイメージしたもの

急変･吹き返しの暴風雪

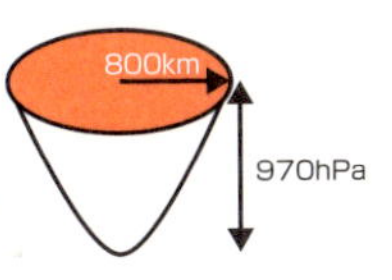

2013年3月2日の道東地方の天候の変化

朝方の穏やかな好天が一瞬にして、猛烈な吹雪に変わりホワイトアウトの状態になりました(2013年3月2日の恵庭市郊外)

用語解説

2004年1月の大雪災害：14日～15日に発達した低気圧によって北見市で積雪171cmの大雪になった。道東地方で記録的大雪や暴風雪となった災害。

2008年2月の吹雪災害：23日～24日に発達した低気圧により道央地方で猛吹雪となった災害。多数の立ち往生車両が発生し、豊浦町では1名が死亡した。

37 2014年2月関東甲信地方の大雪災害

動きの遅い南岸低気圧がもたらした記録的な大雪

　2014年2月8日から9日、2月14日から15日にかけて、関東甲信地方を中心に大雪が降りました。特に、後者は100年を超える気象官署の積雪の観測記録を大幅に更新するほどの記録的な大雪になりました。山梨県をはじめ、関東甲信地方の山間部では積雪による長時間の道路や鉄道の通行止めが発生し、孤立集落が多数発生し、自衛隊による除雪作業も行われました。

　このような大雪をもたらした原因は、南岸低気圧です。東シナ海で発生し、本州の南岸を発達しながら北東進する低気圧を南岸低気圧と呼びます。冬から早春にかけてやってくる南岸低気圧は、急速に発達すると同時に、北から寒気を引き込み、普段は雪の積もらない太平洋側に積雪をもたらすことが知られています。関東地方では、低気圧前面の温暖前線の通過時に雪が降ります。これは上空の雪片が地上付近の気温が低いため、解けずに地上に達し、湿った重い雪になります。低気圧の中心が近づくと南風が強まって地上の気温が上がるため、次第に雪が雨に変わることが多いようです。

　では、2014年2月14日から15日の関東甲信地方では、なぜ記録的な大雪になったのでしょうか?

　要因は三つ挙げられます。1番目は南岸低気圧が急激に発達して、北からの寒気を引き込むとともに、南からの雪の元になる水蒸気を大量にもたらしたことです。2番目は、低気圧の動きが関東地方に接近するにつれて特に遅くなり、強い降雪をもたらした時間帯が長く続くことです。低気圧の前方に位置する高気圧が低気圧の進行を妨げたのがその原因でした。3番目は、夜間に関東平野で滞留寒気が形成されて、低気圧の中心が近づいても、なかなか雪が雨に変わらなかったことです。これらの要因が重なって200年に一度といわれる大雪になりました。

要点BOX
- ●南岸低気圧は、普段は雪が積もらない太平洋側の地域に大雪をもたらすことがある
- ●2014年2月の雪は200年に一度の大雪

2014年2月14日～15日の大雪で、最深積雪の観測記録を更新した気象官署の一覧

地点名	最深積雪(cm)	これまでの最深積雪(cm)	観測開始年	平年値(1981-2010)
白河	76	74(1946)	1940	23
宇都宮	32	30(1945)	1890	10
軽井沢	99	72(1998)	1925	36
前橋	73	37(1945)	1896	10
熊谷	62	45(1936)	1896	9
飯田	81	56(2001,1928)	1897	20
甲府	114	49(1998)	1894	14
河口湖	143	89(1998)	1933	35
秩父	98	58(1928)	1926	18

南岸低気圧による大雪のメカニズム

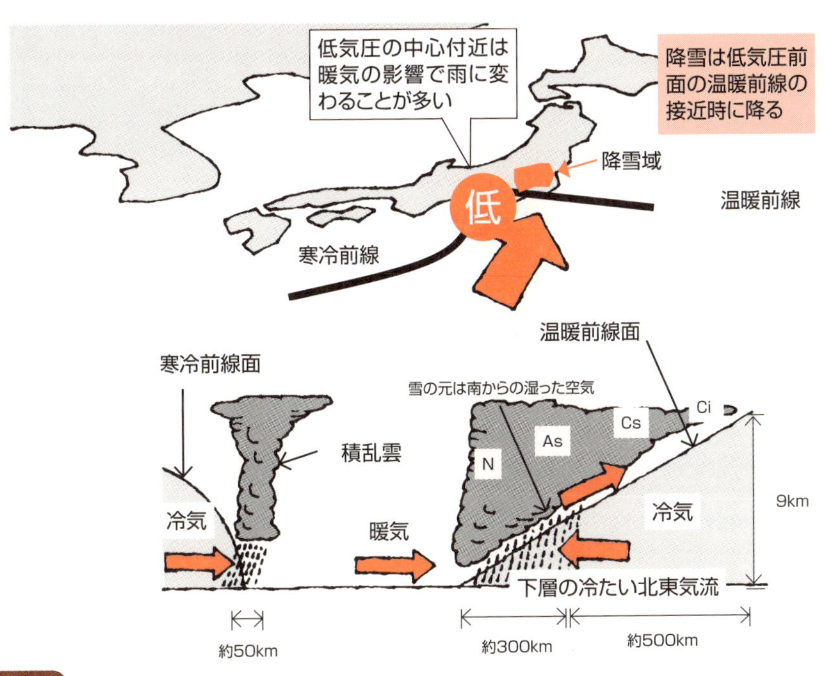

用語解説

滞留寒気：夜間、放射冷却によって、地表面付近が冷やされて地表面付近に冷気層が形成されることがあり、これを滞留寒気と呼ぶ。滞留寒気ができると暖かい気流が地上に吹くのを妨げ、地上付近は気温の低い状態が続く。

Column

雪道を転ばずに歩くには

雪道では雪で覆われた路面と靴底との摩擦力が小さくなり、滑りやすくなります。特に路面が氷になると非常に滑りやすくなり、普通に歩くことができなくなります。このような路面をつるつる路面と呼び、歩行者は転んでケガをしたり、頭を強打すると死に至ることもあります。北国の代表都市である札幌では、雪道での転倒による救急搬送者数が、一冬期に千人前後に達し、雪国特有の問題となっています。

雪道で転ばないためのコツは、①小さな歩幅で、②靴底全体をつけて、③急がず焦らず余裕をもって歩くことです。歩幅を小さくすることで歩行時の体全体の揺れを小さくし、さらに重心を前において靴底全体で接地することで、雪道でもバランスが保たれるようになり、滑って足を取られるようなことを防ぐことができます。特につるつる路面では、すり足のように歩くのが有効です。また急いだり焦って雪道を歩くとバランスを崩して転びやすくなるので、時間に余裕をもって路面を見分けながら歩くことも大切です。

雪道で転ばないためには、靴選びも重要になります。スニーカーや溝のない硬いゴム底の革靴、ハイヒールなどは雪道に適しません。路面との接着力が大きい「柔らかいゴム底」や路面との摩擦力が大きくなる「滑り止め材入りのゴム底」などの防滑性のある冬靴を履くようにしましょう。一時的に雪国を旅行する場合は、自分の履いている靴にそのまま装着できる着脱可能な「靴用アタッチメント」をおすすめします。万が一雪道で転んでしまった時の備えとして、帽子と手袋を身につけるようにしましょう。帽子は頭を守り、手袋は手をついた時のケガを防ぎます。また、カバンは肩掛けや背負うものにして両手を空けておくことも雪道での転倒事故防止につながります。

□雪道の歩き方
～3つのポイント～
①歩幅は小さく
②靴底全体をつけて
③時間に余裕をもって

□雪道を歩く時の服装
～3つのポイント～
①滑りにくい靴を履く
②帽子をかぶる
③手袋をする

さらに両手を空けておくことで
転倒事故防止につながります。

第6章

海の異常気象

38 南太平洋の島々が海に沈む？

地球温暖化による海面上昇

地球温暖化の影響で海面が上昇し、南太平洋赤道付近のツバルやキリバスなど標高の低い南の島々は海に沈んでしまうとよく聞きますが、本当にそうなのでしょうか。

過去の観測資料によると、１９０１年から２０１０年の１１０年間に、世界の平均海面水位は０・19m上昇しています。この期間の平均海面水位の平均上昇率は、１年当たり１・７㎜ですが、１９７１年から２０１０年の期間では１年当たり２・０㎜、１９９３年から２０１０年の期間では１年当たり３・２㎜となっています。このように、平均海面水位の上昇率は、20世紀初頭以降増加し続けています。

さて、この海面水位上昇の原因は何なのでしょうか。ＩＰＣＣ第５次評価報告書では、海面水位上昇に大きな影響を与える要因として、海洋の熱膨張（１年当たり１・１㎜）、氷河の変化（１年当たり０・76㎜）、グリーンランド氷床の変化（１年当たり０・33㎜）、南極氷床の変化（１年当たり０・27㎜）、陸域の貯水量の変化（１年当たり０・38㎜）と試算しています。これらの要因だけを合計すると、１年当たり２・84㎜の上昇となり、観測資料による１年当たり３・２㎜とよく整合しています。これらのことから、20世紀初頭以降に世界の平均海面水位が上昇していることは事実のようです。

では、将来はどのようになるのでしょうか。世界各国で将来の気候変動予測が行われています。気候変動予測を行うためには、放射強制力（地球温暖化を引き起こす効果）をもたらす大気中の温室効果ガス等の量がどのように変化するか仮定（シナリオ）する必要があります。さまざまなシナリオが用意されており、どのシナリオも平均海面水位は上昇し、21世紀末には現在より０・26ｍから０・82ｍ上昇すると予測されています。標高の低い南洋の島々にとって脅威であることは確かでしょう。

要点BOX
- 観測資料から海面上昇は確実に進んでいる
- 気候変動予測では、21世紀末の海面は現在より0.26m〜0.82m上昇すると見込まれる

世界平均海面水位の変化（1900年～2010年）

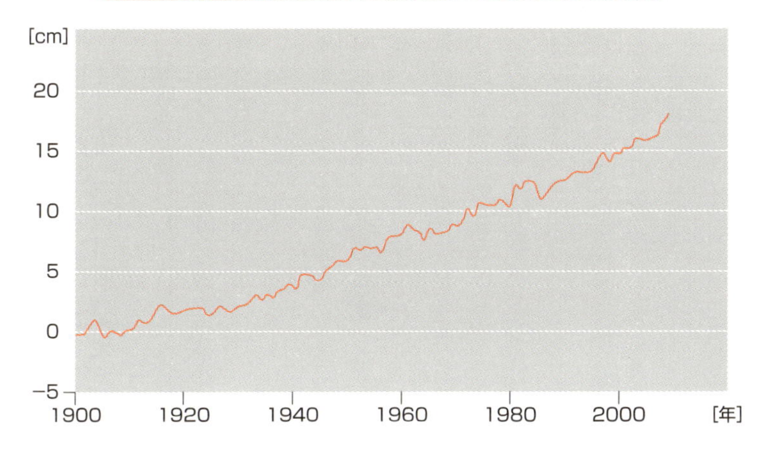

最も長期間連続するデータセットの1900～1905年平均を基準とした世界平均海面水位の長期変化。時系列は年平均値を示している。

出典:IPCC,第5次評価報告書を一部抜粋

世界平均海面水位の変化（1900年～2010年）

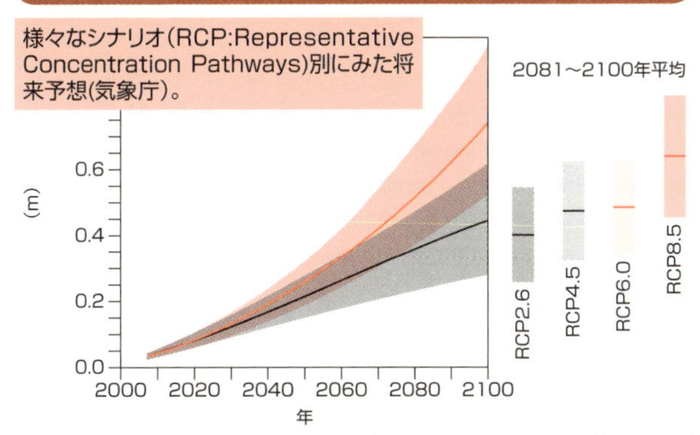

21世紀における世界平均海面水位の上昇予測（1986～2005年平均との比較）。RCP2.6シナリオとRCP8.5シナリオに基づく予測について示しており、予測の中央値を実線で、可能性が高い幅は陰影部分で示されています。また、すべてのRCPシナリオに対し、2081～2100年の平均の世界平均海面水位の変化について、可能性が高い予測幅を彩色した縦帯で、対応する中央値を水平線で示しています。

出典:IPCC,第5次評価報告書

豆知識

コップの中に氷を入れ、水をなみなみと入れておきます。コップの中の氷が解けても水は溢れませんよね。北極海の氷も同じで、解けても海面水位の上昇は起こらないんです。でも、海面に比べて太陽光の反射率が大きい氷が解けることで、太陽熱の吸収率が上がり、海面水温と気温の上昇が加速され、結果的に海面上昇につながります。

39 海水温の上昇が異常気象を呼ぶ

地球に蓄積された熱エネルギーのうち9割以上を海洋が吸収

海洋の熱容量は大気の約千倍で、海洋は1971～2010年までの40年間に地球に蓄積された熱エネルギーのうち約93%を占めています。このうち海洋表層（水深0～700m）が約64%を吸収しています。

世界全体で平均した海面水温の上昇率は100年あたり0・52℃です。一方、日本近海の100年あたりの海面水温の上昇率は1・73℃と、世界全体で平均した海面水温の上昇率よりも大きくなっています。これは、日本近海の狭い範囲で評価しており自然変動の影響を受けているためであると考えられています。

海水温の上昇は、海面水位の上昇、極域の海氷の融解、極端現象の増加、二酸化炭素の吸収率低下、生態系の変化等多岐にわたって影響を及ぼします。このうち、極端現象の増加は、地球温暖化による海水温の上昇がさまざまな地球規模の気候変動の発生頻度を高め、しかも変動幅を大きくしているためと考えられています。

海水温の上昇は漁業資源へも影響を及ぼします。1990年代以降、サワラの日本海での漁獲量急増やスルメイカの漁場の北への移動などが報告されています。

近年（最近10年数間）は、世界の年平均気温の上昇傾向がほとんどみられません。しかし、これは地球温暖化現象が止まったということではなく、気温が上がり続け、ある程度の高さで「中断（ハイエイタス：hiatus）」しているのです。海洋の熱の吸収が非常に活発なので大気の地球温暖化が起きていないように見えてしまいます。しかしその猶予期間（モラトリアム）も終わりに近づいたといわれています。実際に、2015年の世界の年平均気温偏差は＋0・42℃で、1891年の統計開始以降、最も高い値となりました。上昇した海水温は極端現象をさらに激しいものにする可能性があります。

要点BOX

- 海面水温は100年間で0.51℃上昇
- 海面水温の上昇は、気候変動の発生頻度・変動幅を高め、極端現象が頻発する原因

海面水温の上昇率（世界平均）

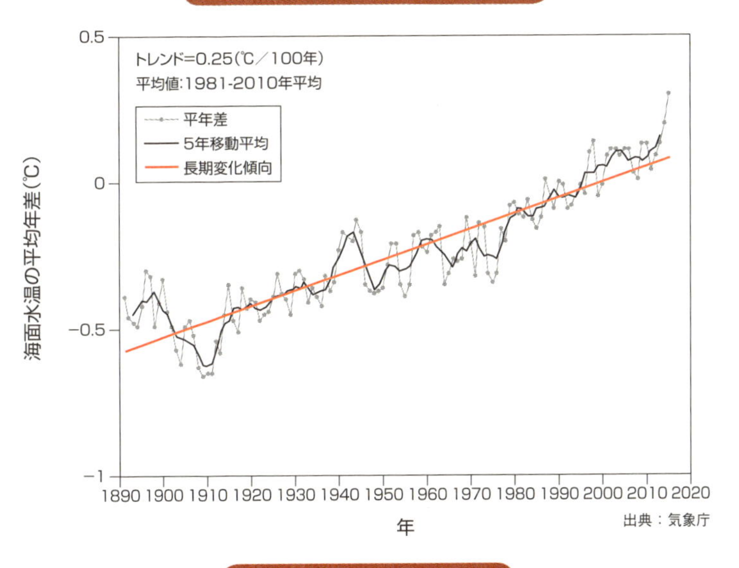

ハイエイタス期の特徴

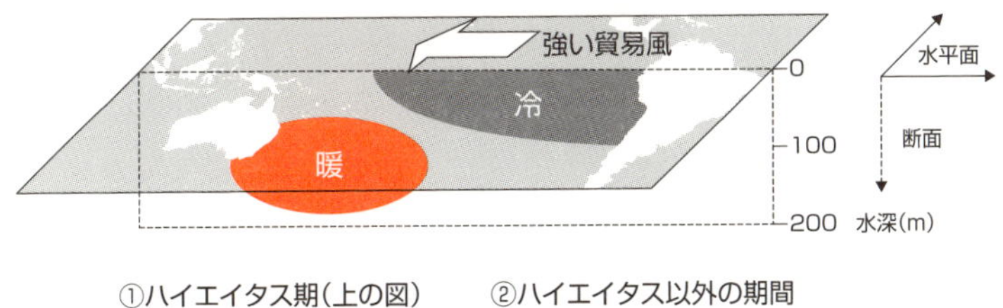

①ハイエイタス期（上の図）

海上の気温上昇
遅
海の表層
海洋内部
速
海洋内部の温度上昇

②ハイエイタス以外の期間

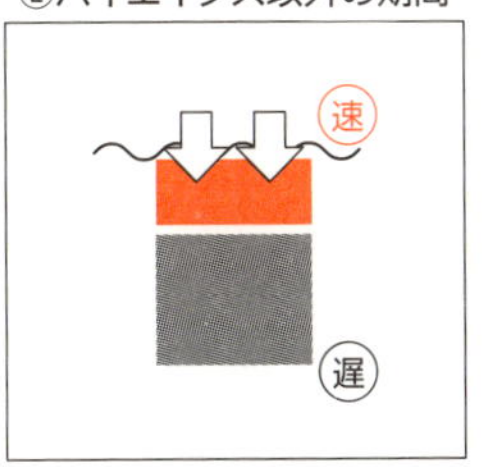

近年、貿易風が強くラニーニャ現象に似た状況が続き、海洋内部の冷たい水が上昇して海面温度が低下した。海洋内部の温度上昇のスピードが速くなったかわりに海上の気温上昇が遅くなり、大気の温暖化が中断（ハイエイタス）期となっていた。
下向きの矢印は熱輸送を表す。

出典:IPCC,第5次評価報告書

用語解説

熱容量：温度を1℃上げるために必要な熱量。
海面水温の自然変動：この自然変動として、太平洋十年規模振動(PDO)や黒潮続流の変動が考えられている。
ハイエイタス：地球温暖化による気温上昇が一時的に停滞する現象。

40 不意に襲う沿岸の高波

富山湾の寄り回り波

２００８年2月24日、富山湾にうねり（波長が長くなだらかな波）性の高波が押し寄せ、沿岸で死者2名、家屋被害４５４棟などの大きな被害が発生しました。富山湾では、このような高波による被害が過去にも繰り返し発生しており、地元では、「寄り回り波」と呼んで警戒しています。寄り回り波は、日本海の北部で発達した波浪がうねりとなって日本海を伝搬し富山湾に達するもので、富山湾沿岸では風や波が穏やかな時に不意に高波が押し寄せることが多いため、被害が発生しやすい現象です。富山湾でこのような高波が発生しやすい主な要因としては以下の二つがあげられます。

一つ目は、すり鉢状の急深な地形で深い海底谷が幾筋も走っている富山湾の特徴的な海底地形です。波は、海底の勾配が急であるほど沿岸で高くなる性質があります。また、深い谷があると波は減衰せずに沿岸まで押し寄せ、さらに海底地形の影響で波が集まりやすい場所に収束してより高くなります。このように、海底地形によって局所的に波が高くなり被害が発生しやすいことが、寄り回り波と呼ばれるゆえんとなっています。

二つ目は、富山湾に到達する波が、波長が長いうねり性の波であることです。うねり性の波は、沖合ではなだらかに見えますが、海岸付近に近づくと急激に波高が高くなる性質があります。波長の長い波は減衰しにくいため、日本海の北部で発生した高波は波のエネルギーを維持したまま富山湾に到達します。

寄り回り波は大きな被害をもたらす高波ですが、発生から富山湾に到達するまでの伝搬過程でその前兆を捉えることができれば、寄り回り波を事前に予測することが可能となります。２００８年2月の被害を受けて寄り回り波の研究が進み、複数の機関で予測手法が検討・開発されました。今後は、予測に基づいた避難情報による減災が期待されます。

要点BOX

- ●富山湾では寄り回り波という高波が発生する
- ●沿岸では海底地形の影響を受け、局所的に波が高くなることがある

富山湾の水深

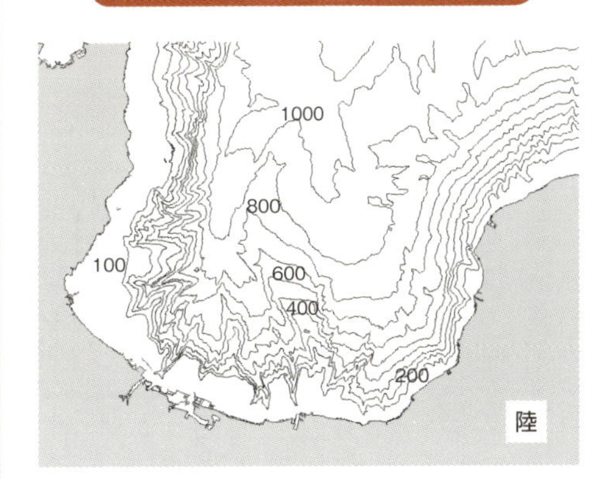

寄り回り波発生時の天気図例

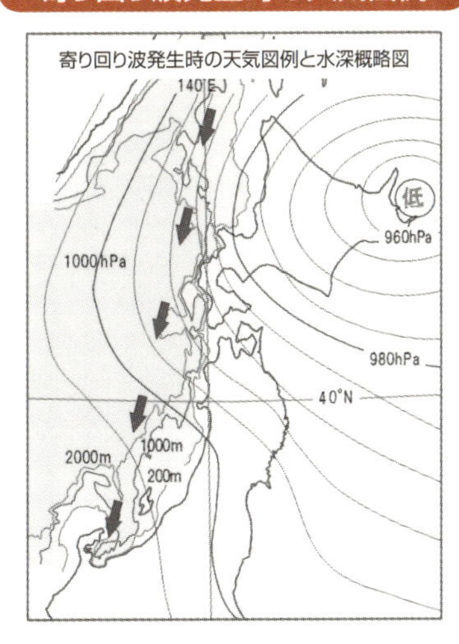

沿岸での波の変形（屈折）

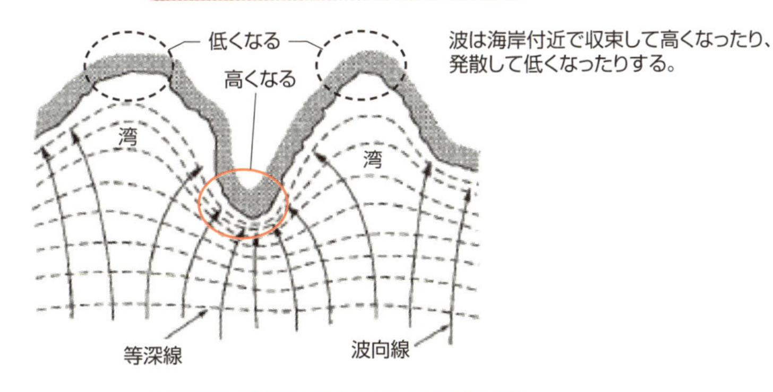

波は海岸付近で収束して高くなったり、発散して低くなったりする。

沿岸での波の変形（浅水変形）

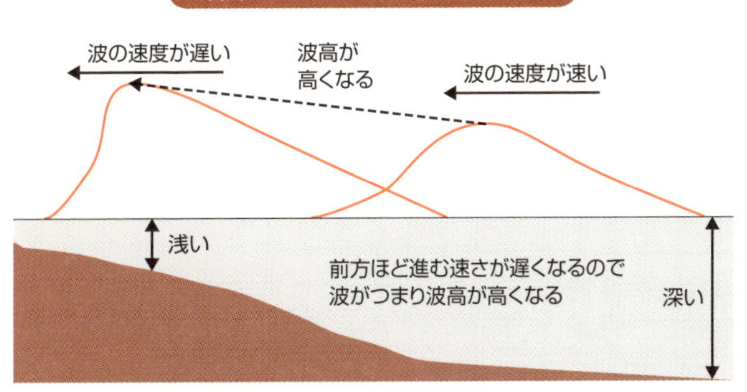

41 船舶を襲う沖合の高波

極端な三角波の発生と原因

天気予報などでよく耳にする「波高」は、一定期間に測定された複数の波のうち波高が高い方から順に並べ高い方から3分の1を平均した波の高さ（有義波高）に相当する、沖合での波高です。有義波高は、人間が目で見た波高とほぼ一致するといわれ、波の高さを表すのによく使われています。統計学的には、100波に1回は有義波高の1・6倍、1000波に1回は2・0倍の波高になるといわれています。周期6秒の波では100分に1回2倍の波がくる計算になります。予報の高さ以上の波に遭遇する可能性がありますので海上や沿岸で活動するときは注意しなければなりません。

沖合で突発的に発生する高波に「三角波」と呼ばれるものがあります。進行方向が異なる波が重なったり、波が海水の流れと反対方向に進む場合に発生しやすい高波で、名前のとおり切り立った高波であるため船の操縦が難しく船舶にとって脅威となる波です。波向が異なるうねりと風波が共存している海域や、風向が急変する台風の中心周辺、防波堤などで入射波と反射波が重なり合う海域、大河川の河口や海峡などの流れが強い海域などで発生しやすい波です。

過去には、この三角波によるものと思われる海難事故が発生しています。例えば、房総半島野島崎沖は海難事故が多発し、航行が難しい海域であることで知られています。このため旧運輸省で委員会が設置され、この海域の詳細な調査が行われました。その結果、低気圧による強風と黒潮などの海流の影響が重なって14mを超えるような高波が発生することがわかりました。

気象庁では、三角波などの危険な高波の警戒情報として、多方向の波が存在して複雑な海面状態となるなど、船舶にとって危険が予想される海域の情報が2017年3月から提供されます。このような情報により、危険海域を避けた航行が可能になることが期待されます。

要点BOX
- ●沖合では突発的に高波が発生することがある
- ●特に三角波は切り立った形状の異常な高波で、船舶の安全航行の脅威となる

反対方向に進行する波の合成

破線、点線:合成前の波
実線:合成後の波

波形の例

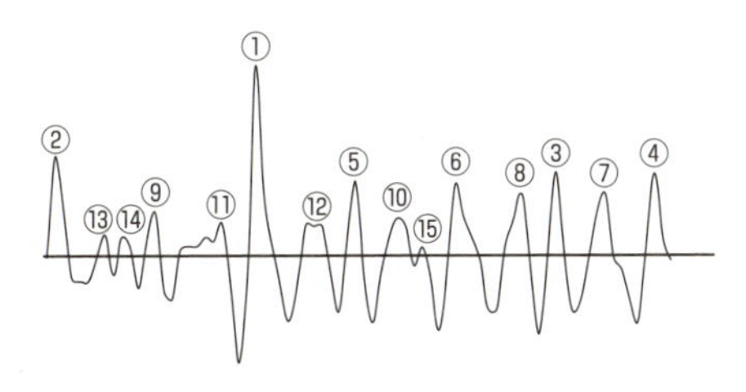

有義波高:高い方から3分の1の波の波高の平均
上図では、①から⑤の波高を平均した波高
通常は100波程度が観測できる期間で統計をとる。

三角波発生のイメージ

進行方向の異なる波がぶつかると、三角波が発生しやすい

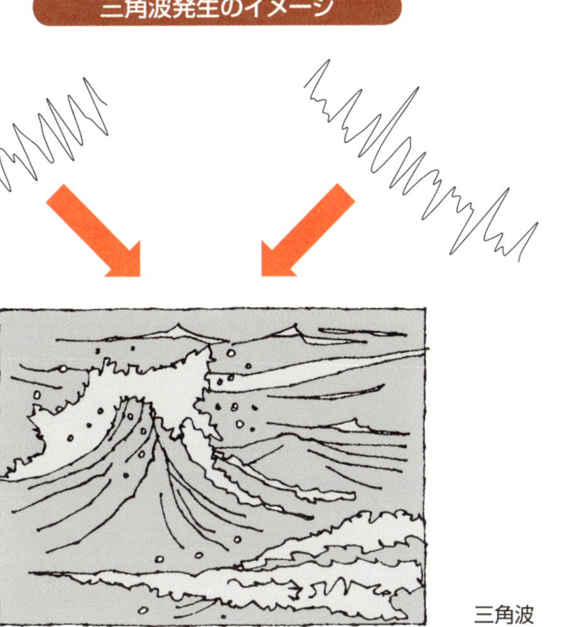

三角波

42 気圧の低下と強風が高潮を招く

大きな災害をもたらした2013年フィリピン台風

古くは、港（津）を襲う大波のことをすべて津波と呼んで恐れてきました。しかし現在では、台風や低気圧によるものを「高潮」、地震等によるものを「津波」と呼んで、明確に区別しています。

では、高潮とはどのようなものなのでしょうか。台風や低気圧が通過する際、潮位が大きく上昇することがあります。これを高潮といいますが、主に二つの原因で発生します。一つは「吸い上げ効果」です。台風や低気圧の中心では気圧が周辺より低いため、気圧の高い周辺の空気は海水を押し下げ、中心付近の空気が海水を吸い上げるように作用する結果、海面が上昇します。気圧が1hPa下がると、潮位は約1cm上昇します（図「高潮の発生要因」のAの部分）。例えば、それまで1000hPaだったところへ中心気圧950hPaの台風が来れば、台風の中心付近では海面は約50cm高くなります。

もう一つは「吹き寄せ効果」です。強い風が沖から岸に向かって吹くと、海水は海岸に吹き寄せられ、海岸付近の潮位が上昇します。この効果による潮位の上昇はおおむね風速の二乗に比例します（図「高潮の発生要因」のBの部分）。また、遠浅の海やV字型に狭まった湾の場合、さらに潮位が高くなります。

高潮発生時には潮位の上昇の他、台風等の強風、さらには強風に伴う高波も同時に発生するので最大限の注意が必要です。2013年11月8日にフィリピン中部に上陸した台風30号は、死者6000人以上、家屋損壊約114万棟という甚大な被害をもたらしました。この台風は、中心気圧895hPa、最大風速（10分間平均）65m／sという猛烈な台風のまま上陸しました。被害が甚大であった地区では5～6mの高潮が発生したとの報道もあります。このようなスーパー台風が勢力を維持したまま日本の本土に上陸した事例はありませんが、地球温暖化の影響でその発生頻度が増大するという研究結果もあります。

要点BOX

- ●高潮は吸い上げ効果と吹き寄せ効果が原因
- ●勢力を保持したまま上陸するスーパー台風が増加すると、甚大な高潮被害が発生する

高潮の発生要因

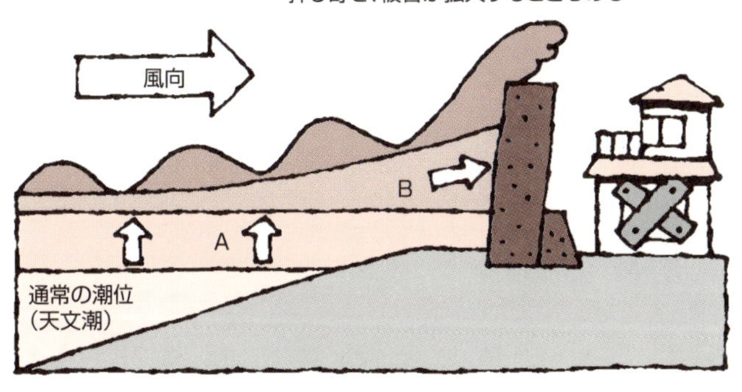

フィリピンに甚大な高潮災害をもたらした猛烈な台風

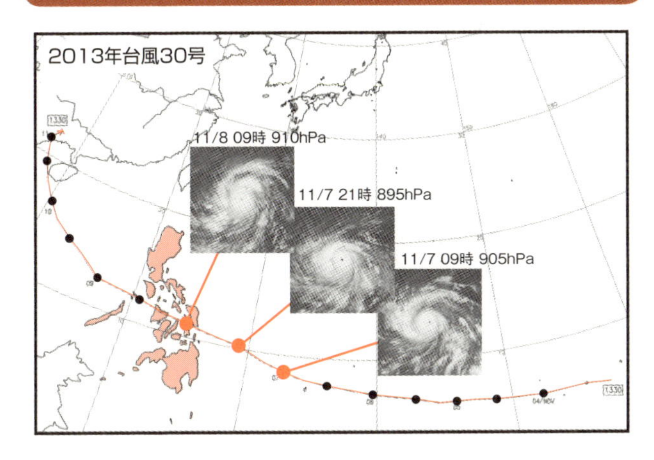

用語解説

スーパー台風：米国の気象機関では、1分間平均の最大風速が130ノット（約67m/s）以上の台風をスーパー台風と呼ぶ。日本ではスーパー台風という定義はないが、日本の台風に当てはめると、10分間平均の最大風速が114.4ノット（約59m/s）以上の台風に相当する。

43 海洋生物に悪影響をもたらす海の酸性化

大気中のCO_2の増加は海洋酸性化を引き起こす

CO_2は、海面を通じて大気と海洋の間で活発に出入りしています。海洋に溶けたCO_2は、炭酸(H_2CO_3)になります。炭酸は海洋中では炭酸水素イオン(HCO_3^-)や炭酸イオン(CO_3^{2-})と水素イオン(H^+)が解離して平衡状態を保っています。

大気中のCO_2濃度の増加とともに、海水中のCO_2濃度も増加し、水素イオン濃度が増加(pHが低下)し酸性化します。海洋は化石燃料起源のCO_2の約半分を吸収し大気中の濃度増加を緩和する一方、酸性化しつつあります。産業革命以前の海洋の平均的なpHは8・17程度でしたがpHはすでに8・06程度にまで低下しました。今後も海洋表層のpHは低下を続けると考えられています。海洋酸性化が進むと、海洋がCO_2を吸収する能力が低下すると指摘されています。海洋が大気からCO_2を吸収する能力が低下すると、大気中に残るCO_2の割合が増えるため地球温暖化が加速することが懸念されます。

プランクトンの一部、サンゴ、貝類や甲殻類等の海洋生物は、海水中に多く含まれるカルシウムイオンと炭酸イオンから水に溶けにくい炭酸カルシウムの骨格をつくっています。現在の海面付近の環境下では、水素イオンの濃度が十分低いため、炭酸カルシウムの飽和度が高く、これらの生物はその骨格などをつくることができます。しかし、海洋が酸性化して海水中の水素イオンが増えると、炭酸イオン濃度が下がり、炭酸カルシウムの殻の形成が困難になります。水温の低い極域の海では、pHが7・84になるだけで、アラゴナイト(あられ石)という炭酸カルシウムの結晶をつくる生物は体をつくれなくなります。これは21世紀の後半に予測される大気CO_2濃度が海洋に溶解したときのpHです。

海洋表層のCO_2濃度は大気の濃度レベルと等しくなります。海洋酸性化への対策は、CO_2の大気放出量を減らすという根本的な対策以外にありません。

要点BOX

- ●酸性化は海のCO_2吸収能力を低下させる
- ●海の酸性化によって温暖化が加速する
- ●そして海洋生物の生態系に悪影響を及ぼす

二酸化炭素(CO_2)と海水の状態

CO_2(気体)	⇄	CO_2(溶液)	(1)
CO_2(溶液)$+ H_2O$	⇄	H_2CO_3	(2)
H_2CO_3	⇄	$HCO_3^- + H^+$	(3)
HCO_3^-	⇄	$CO_3^{2-} + H^+$	(4)
$Ca^{2+} + CO_3^{2-}$	⇄	$CaCO_3$(個体)	(5)

大気中のCO_2は海面を通じて海洋に溶け込み、(1)～(4)の過程で水素イオンH^+が発生するため、pHは下がります。
海洋酸性化が進んで水素イオン濃度が増えると、酸塩基平衡により(4)の反応が左に進んで炭酸イオン濃度が下がり、(5)の右向きの反応:(炭酸カルシウムの殻の形成)が困難な環境となります。

大気CO_2濃度が高くなると アラゴナイト(あられ石型$CaCO_3$)ができなくなる?

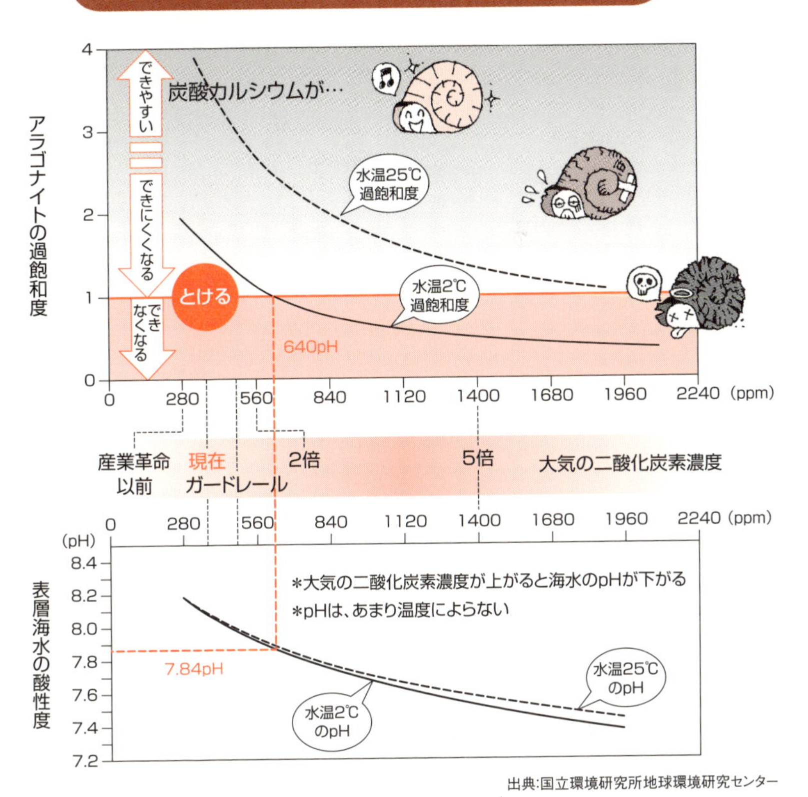

出典:国立環境研究所地球環境研究センター

44 大きな潮位の変動をもたらす微気圧変動

長崎湾で発生する「あびき」の正体

「あびき」とは、長崎湾で毎年冬から春にかけて発生する副振動のことをいい、30〜40分周期で海面が上下に振動します。時には、湾奥部で4〜5ｍの振動となることもあります。また、この海面昇降に伴う速い流れにより魚網が曳かれる等の被害が出ることから、古くから漁業関係者の間で恐れられていました。「あびき」という呼び名は「網曳き」に由来するともいわれています。

副振動自体は全国どこでも発生しており、特に珍しい現象ではありません。しかし、周辺海域の副振動の周期が港湾の固有周期に近い場合は共鳴を引き起こし、潮位の変化が著しく大きくなります。このような場合は、急激な潮位の変化のほかにも激しい潮流を引き起こし、浸水被害、小型船舶の転覆、係留物の流出といった被害をもたらします。副振動は、台風や発達した低気圧による高波、あるいは津波が港湾に進入する場合、港湾の形状によっては波の反射が繰り返され、数日間も副振動が継続する場合もあります。

一方、台風や発達した低気圧が近くになく、天気が良い時でも突然発生することがあります。今まではその原因がわかっていませんでした。しかし、「あびき」の研究により、東シナ海の微気圧振動（3hPa程度）による海面の微小な変動が海洋長波となって増幅されながら沿岸域に伝わり、長崎湾の固有周期と共鳴してさらに増幅されることがわかりました。特に1979年3月31日に発生した「あびき」は、長崎検潮所で最大潮位振幅278㎝を記録し、場所によっては467㎝にもなりました。

このような微気圧振動が起因となる湾内の副振動に伴う災害は、長崎湾に限らず九州西岸各地のほか、北海に面するロッテルダム港、アドリア海に位置するクロアチア、地中海スペイン南部、アルゼンチンやニュージーランド等、世界各地で発生しており、気象津波（Meteotsunami）と呼ばれています。

- ●あびきは長崎湾の副振動による災害
- ●微気圧変動の伝播速度、海洋長波の波速、港湾の固有振動の共振によって発生する

「あびき」の発生メカニズム

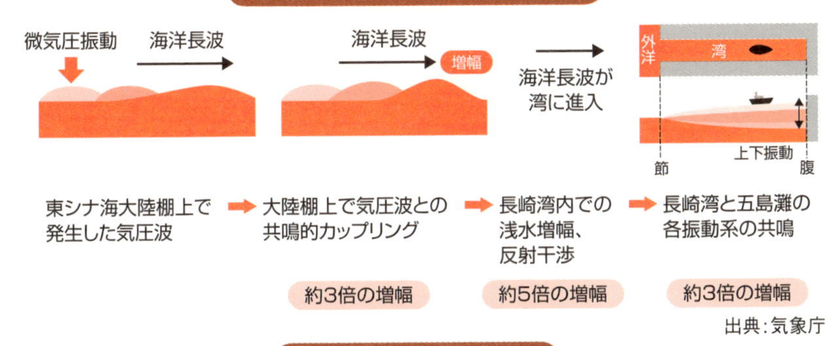

出典：気象庁

「あびき」の観測例

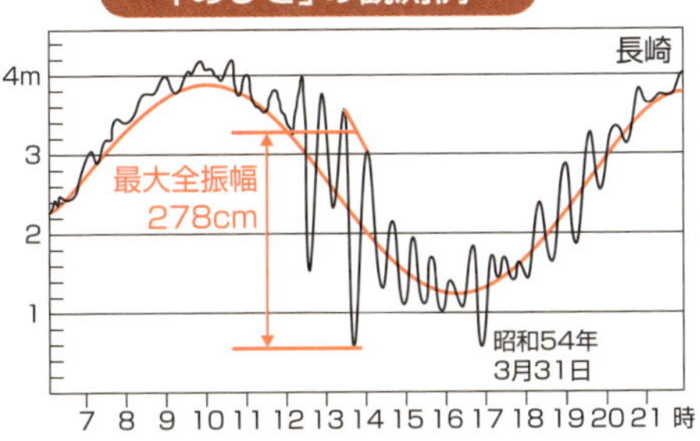

気象庁長崎検潮所（長崎市松ヶ枝町）で観測された過去最大のあびきの例を示します。このあびきは1979（昭和54年）3月31日に発生し、最大全振幅は278cm、周期は約35分でした。図の縦軸は観測基準面（DL）からの高さです。

出典：気象庁

100cm以上の「あびき」の発生月

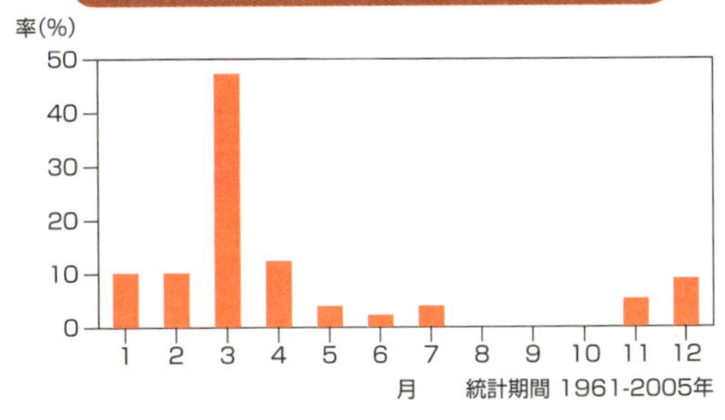

「あびき（100cm以上）」の発生月は冬から春にかけて多くなっています。特に3月は飛び抜けて多く、全体の約50%を占めています。

出典：気象庁

用語解説

副振動：潮汐による潮の干満を主振動と呼ぶのに対し、それ以外の潮位の振動を副振動と呼ぶ。副振動は陸や堤防に囲まれた細長い海域で観測され、数分から数十分程度の周期で海面が昇降する現象。

固有周期：長い波が湾や港に入射すると、数十分といった一定周期で海面が上下動することがある。これを湾水振動（セイシュ）というが、湾水振動の周期は湾や港の大きさや形によって決まる。この揺れの周期を固有周期という。

Column

インド洋ダイポールモード現象

インド洋にも太平洋のエルニーニョ現象と似た大気海洋相互作用現象があり、インド洋ダイポールモード現象といいます。インド洋赤道域では、インドネシア周辺海域の積雲活動が活発なため、平均すると弱い西風が吹いています。この西風が表面の温かい海水を引きずるため、通常、インド洋東部には海面下１００数十ｍには温かい海水がやや厚めに分布し、海面水温は東で高く西で低くなります。

しかし、西インド洋が温められ東インド洋が冷やされる状態が発生することがあります。これを正のダイポールモード現象といいます。正のインド洋ダイポールモード現象が発生すると、活発な積雲活動が西方へ移動し、東アフリカでは豪雨を、インドネシア、オーストラリアでは厳しい干ばつと山火事を引き起こします。

これは、２００６年のケニア大洪水、オーストラリア東部の干ばつ、ボルネオ域の山火事の原因になったと考えられています。インド洋という大きなスケールで大気の循環が通常と異なるので赤道域の国だけでなく大気を通じて中緯度地域等にも影響が出ます。また、１９９４年の日本の酷暑の原因にもなったと考えられています。逆に、西風が強まり、東インド洋が通常よりも温められ、西インド洋がより冷やされる状態を負のダイポールモード現象といいます。

インド洋熱帯域において西部海域（50E-70E、10S-10N）で平均した表面水温から東部海域（90E-110E、10S-0N）で平均した表面水温を引いた値をダイポールモード指数（ＤＭＩ）といいます。近年、正のインド洋ダイポールモード現象が頻発しています。

全球気候モデルの予測によると、地球温暖化によってインド洋西部の海面水温はインド洋東部の海面水温よりも上昇すると予測され、ＤＭＩが上昇トレンドを持っています。地球温暖化により、平均場そのものが変化しているためである可能性があります。

第7章

異常気象から身を守る

45 異常気象から身を守る

段階的に発表される防災気象情報と防災行動

毎日発表される天気予報（短期予報・週間予報など）とは別に、大雨や強風など防災上注意・警戒が必要な場合、臨時で防災気象情報が発表されます。「気象警報・注意報」をはじめ、「竜巻注意情報」や「記録的短時間大雨情報」、「土砂災害警戒情報」、「指定河川洪水予報」、「府県気象情報」など、防災気象情報にはたくさんの種類があります。実はそれぞれの情報は関連して、段階的に発表されています。大雨の場合を例にとってみましょう。

大雨の可能性が高まってくると警報や注意報に先立って「大雨に関する気象情報」が発表されます。この情報は大雨が発生する可能性がある約1日前（場合によっては2～3日前）に「大雨の予告」として発表されます。

さらに半日から数時間前には「大雨警報」または「大雨注意報」が発表され、浸水害や土砂災害に対してよりいっそう注意を促します。短時間で一気に強い雨が降るような場合には、大雨が予想される直前の2～3時間前に発表されることもあります。

そして、「大雨警報」発表中に土砂災害発生の危険度がさらに高まった時は「土砂災害警戒情報」が発表されます。自治体からの避難勧告が発表された際は速やかに避難しましょう。まだ発表されていない場合でも、危険を感じたら自主避難をしましょう。

さらに大雨が激しくなり、広い範囲で数十年に一度の大雨が予想されるような場合は、最大級の警戒を呼びかける「大雨特別警報」が発表されます。まさに「重大な災害が起こるおそれ」が差し迫っている状態です。ただちに命を守る行動をしましょう。

このように異常気象から身を守るためには、激しい気象現象が予想されている時、どのような情報が発表されるのかを事前に知っておくこと、そしていざという時にはしっかりと情報を集めて、防災行動につなげることが大切です。

要点BOX
- ●防災気象情報は段階的に発表される
- ●それぞれの防災気象情報の種類ととるべき行動を事前に知っておこう

防災気象情報の種類

台風に関する気象情報	台風が発生した時や、台風が日本に影響を及ぼすおそれがあったり、すでに影響を及ぼしている時に発生する情報
府県気象情報	警報や注意報に先立って注意を呼びかけたり、警報や注意報の内容を補完するために発表する情報
気象警報･注意報	大雨や強風などによって災害が起こるおそれがある時に注意や警戒を呼びかけるための情報 災害が起こるおそれがある時は「注意報」、重大な災害が起こるおそれのある時は「警報」、さらに重大な災害が起こるおそれが著しく大きい時は「特別警報」を発表
指定河川洪水予報	河川の増水や氾濫などに対する水防活動の判断や住民の避難行動の参考となるように、気象庁は国土交通省または都道府県の機関と共同して、あらかじめ指定した河川について、区間を決めて水位または流量を示した洪水の予報
土砂災害警戒情報	大雨警報(土砂災害)が発表されている状況で、土砂災害発生の危険度がさらに高まった時に、市町村長が避難勧告などの災害応急対応を適時適切に行えるよう、また、住民の自主避難の判断の参考となるよう、対象となる市町村を特定して警戒を呼びかける情報
記録的短時間大雨情報	数年に一度程度しか発生しないような短時間の大雨を、観測、解析した時に発表する情報
竜巻注意情報	積乱雲の下で発生する竜巻、ダウンバーストなどによる激しい突風が発生しやすい気象状況になったと判断された場合に発表する情報

気象警報の種類

特別警報	警報の発表基準をはるかに超える豪雨などが予想され、重大な災害の危険性が著しく高まっている場合に最大限の警戒を呼びかけて行う予報	大雨、暴風、暴風雪、大雪、波浪、高潮
警報	重大な災害が起こるおそれのある時に警戒を呼びかけて行う予報	大雨、洪水、暴風、暴風雪、大雪、波浪、高潮
注意報	災害が起こるおそれのある時に注意を呼びかけて行う予報	大雨、洪水、強風、風雪、大雪、波浪、高潮、雷、融雪、濃霧、乾燥、なだれ、低温、霜、着氷、着雪

段階的に発表される防災気象情報

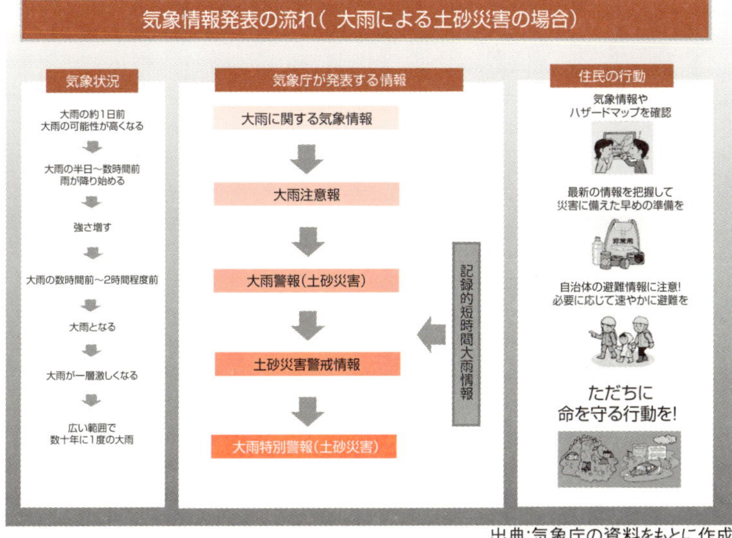

出典:気象庁の資料をもとに作成

46 大雨の降っている場所を知る

気象レーダを活用した大雨の把握

同じ場所で激しい雨が降り続く「集中豪雨」などによって、土砂災害や河川の氾濫などの災害が毎年発生しています。日本全国約17km間隔で配置されているアメダスには、降水量を測定する機器が備えられていますが、活発な雨雲がアメダス観測点の間を通ってしまうと、雨をとらえることができません。その時には、気象レーダが大いに役立ちます。

従来の気象レーダは、アンテナからパルス状の電波を発射し、降水粒子から戻ってくる電波（エコー）によって、降水の強さと降水粒子までの距離を観測します。エコーが強いほど降水が強く、その時間が長いほどレーダから遠い降水であることが分かります。また、電波の周波数の変化（ドップラー効果）から、降水粒子の動き（降水域付近の風）を知ることができます。最近では、雨滴の形を計ることで降水の強さを観測するXバンドMPレーダの展開も進められています。

なお、気象レーダを利用する際はいくつか注意が必要です。地形による反射などにより、実際には降水がない場所でエコーが観測されたり、上空の氷が溶けている融解層などで実際の降水よりも強いエコーが観測されたりすることがあります。その多くは品質管理により疑似エコーとして除かれますが、すべてを取り除くことはできません。アメダスのピンポイントで定量的な観測と気象レーダによる広範囲の観測をあわせることで、降水ナウキャストなどの降水予測の精度向上につながるのです。

現在運用されている気象レーダは、観測間隔が粗く、急速に発達する集中豪雨や竜巻・突風の原因である積乱雲の盛衰を正確にとらえることが困難です。そこで、観測間隔を30秒まで短くした「フェーズドアレイ気象レーダ」の研究開発が進められています。気象災害を減らすために、気象レーダはなくてはならない存在なのです。

要点BOX

- ●気象レーダは大雨の実況をとらえている
- ●気象レーダの降雨情報を利用して、今どこでどれくらいの雨が降っているのかを知ろう

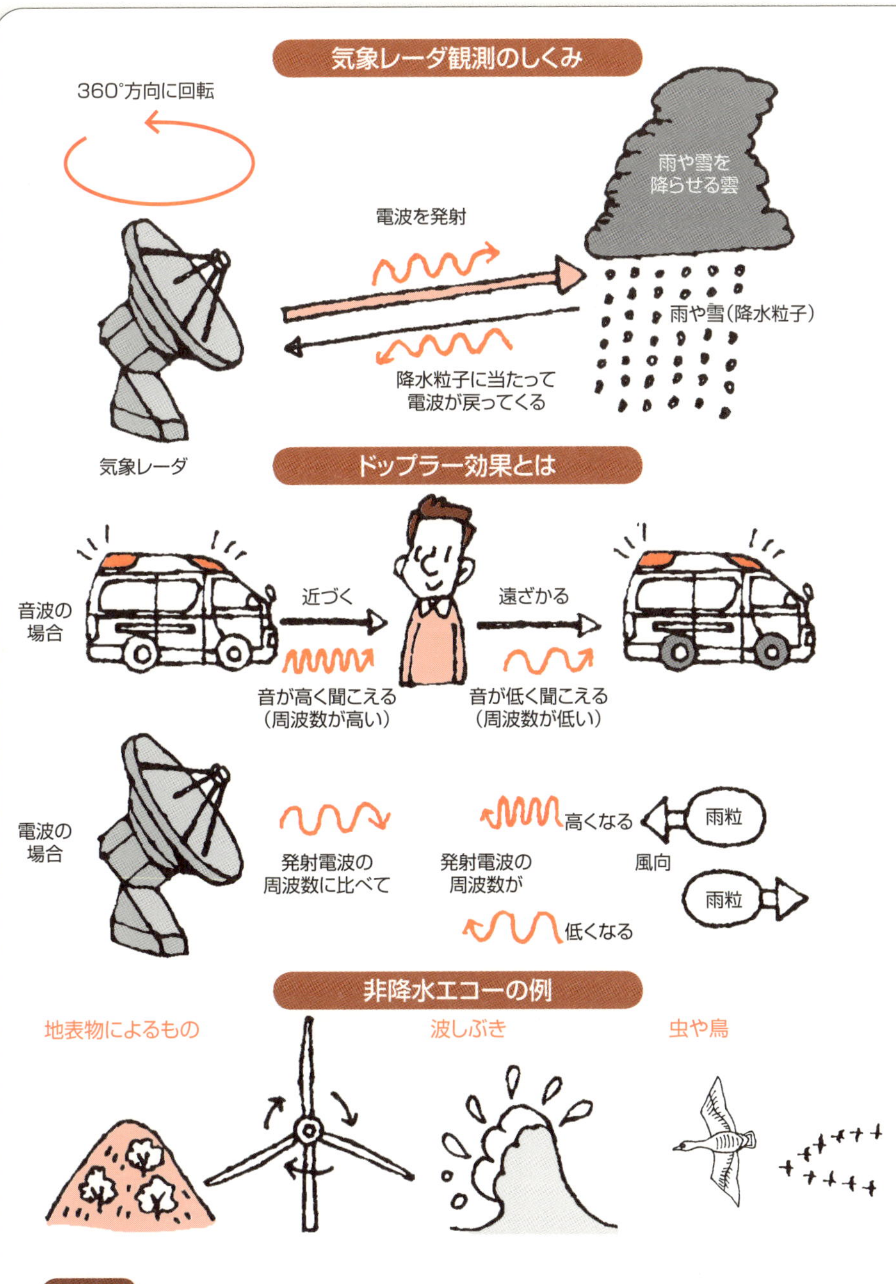

用語解説

Xバンド MPレーダ：波長が約3cmの電波をXバンドと呼び、この波長帯を利用した気象レーダのこと。MPレーダとはマルチパラメータレーダの略称。国土交通省では、水平偏波(水平方向に振動する電波)と垂直偏波(垂直方向に振動する電波)を同時に送受信できる気象レーダを展開している。

47 大雨から身を守る

降雨予測情報の種類と使い方

現在から数時間先までの降水分布の予測を知るための情報として、気象庁は降水短時間予報や高解像度降水ナウキャストを発表しています。これらの情報は、気象レーダ観測やアメダス雨量から解析した現在の降水分布と、これまでの降水域の動きを調べて将来の降水分布を予測するものです。

降水短時間予報は、30分間隔で発表されており、6時間先までの1時間ごとの雨量の分布を1㎞格子の単位で予測しています。地形の効果や降水の強さの変化についても計算に組み込んでおり、降水の強まりや弱まりも考慮した予測となっています。予報時間が先になるにつれて、分布のずれが大きくなるため、数値予報の計算結果も取り入れています。大雨が発生した際の避難や災害対策に役立つほか、日常生活でも、屋外作業の計画などに役立てることができます。

高解像度降水ナウキャストは、5分間隔で発表されており、1時間先までの5分ごとの雨量の分布について、30分先までは250m格子、30～60分先までは1㎞格子の単位で予測しています。降水分布を3次元で予測する手法を取り入れており、予測の後半には雨粒の発生や落下等を計算する対流予測モデルを使用しています。また、地上の風、気温、水蒸気量の観測結果やレーダエコーを用いて、積乱雲発生の推定も行っています。直前に発生した強い降水域の動きをいち早く正確にとらえているため、急な強い雨からの避難の際に役立てることができます。

これらの情報を活用する際は、できる限り最新の情報を確認するようにしてください。最近では、スマートフォンのアプリ等（第2章末コラム参照）でも情報を確認できるようになっています。外出先でも手軽に最新の予測を入手することができますので、上手に活用して豪雨から身を守るようにしましょう。

要点BOX

- 常に最新の予測情報を確認することが重要
- 高解像度降水ナウキャストを確認して、30分先の詳細な大雨の分布予測を知ろう

高解像度降水ナウキャストの予測事例

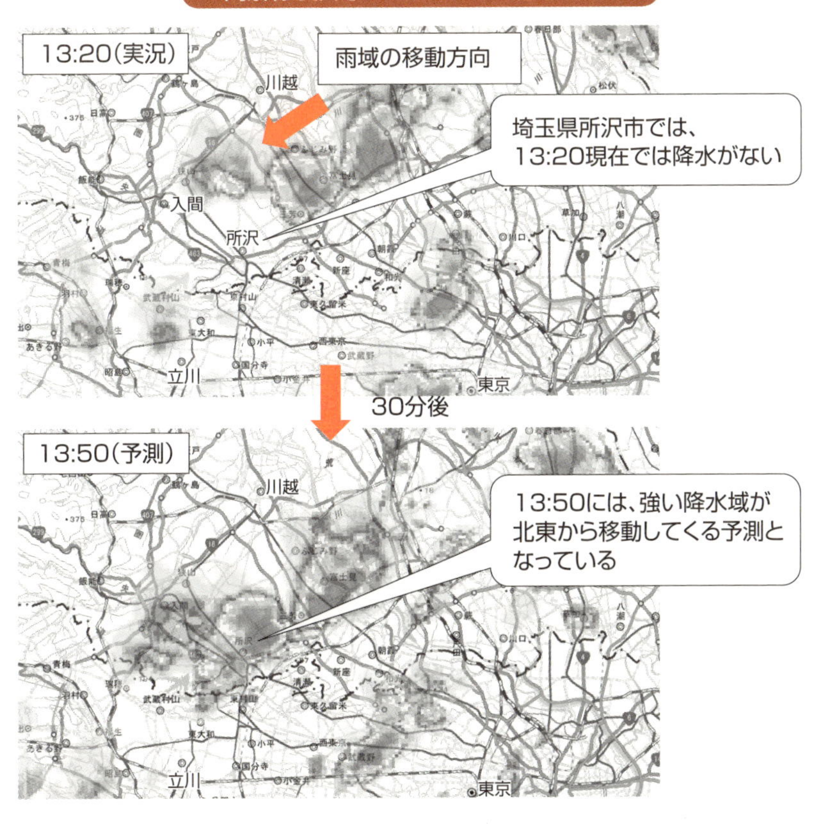

スマートフォンアプリでの高解像度降水ナウキャストの表示例

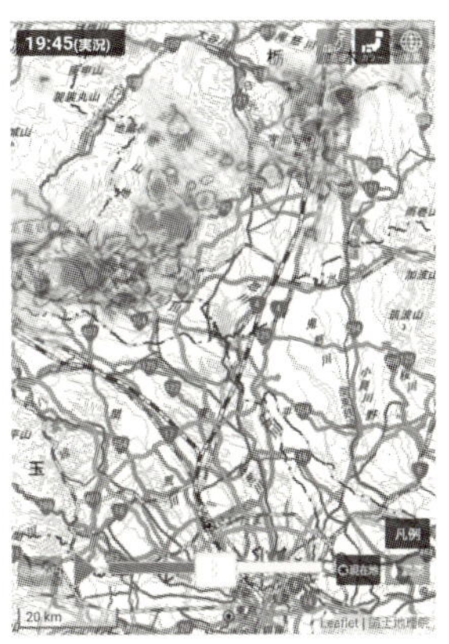

用語解説

対流予測モデル：局地的な気象現象を予測する気象モデルの一種。積乱雲の中の気温、湿度、風の鉛直分布や、地上の気温、湿度などから、雨粒の発生・成長・落下・蒸発を計算する。

48 強風や突風から身を守る

竜巻などの突風の予測技術の現状

気象庁は2005年、2006年の突風被害の多発を受け、全国の気象レーダを順次ドップラーレーダ化し竜巻などが発生しやすい状況の観測に力を入れました。観測設備の整備とともに、予測情報の開発も行われ、2008年には竜巻注意情報、2010年には竜巻発生確度ナウキャストの提供が開始されました。その後、2012年には全国でドップラーレーダ網が整備され、観測体制は完備されました。

ドップラーレーダでは、降水強度に加え、観測方向の降水粒子の移動を観測できるため、積乱雲中の回転（メソサイクロン）を解析することが可能です。竜巻が発生する際の積乱雲にはメソサイクロンを伴うことが多いため、竜巻発生の可能性を予測できます。予測に利用する気象モデルについても局地モデルが用いられ、従来5km格子だったデータが2km格子と細かくなることで、風速に影響の大きい地形情報を精度よく反映できるようになり、予測精度の向上が期待されています。ただ、必ずしもメソサイクロンがあるからといって竜巻が発生するわけではありません。このため、現在の竜巻などの突風に関する予測では、見逃し率が高く補捉率が低くなっています。現在、気象庁ではGPS等測位衛星を利用し、水蒸気量の顕著な変化の解析に取り組んでいます。GPS衛星からの電波の到達時間から算出される水蒸気量の変化が、非常に狭い囲で解析された場合、積乱雲内での活発な上昇流、下降流の存在が考えられます。これらの現象の監視精度の向上は、ドップラーレーダでは補捉できない竜巻発生監視への効果が期待されます。

また、竜巻などの突風に関する予報では、予測の時間的・空間的な精度に課題があることに加え、情報発信側はわかりやすく伝え、利用者側は理解して活用することが求められます。

要点BOX

- ●ドップラーレーダで竜巻の発生元を監視する
- ●最新レーダ技術による精度の高い竜巻予測を利用しよう

竜巻などの激しい突風の予測技術

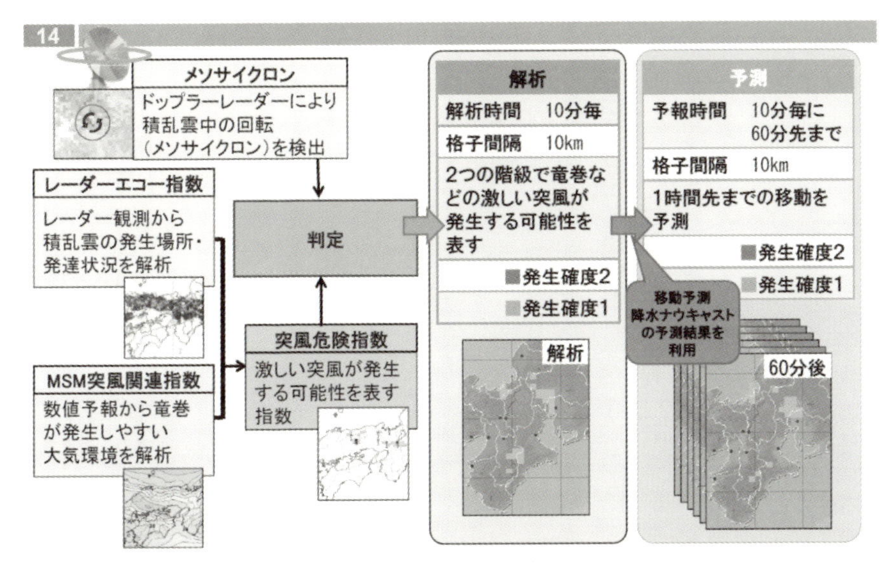

出典:気象庁

竜巻発生確度

竜巻などの突風は観測機器で実体を捉えられないので、各種データから推定した「竜巻が今にも発生する(または発生している)可能性の程度」を「発生確度」として示した情報です。

発生確度2	予測の適中率は5～10%程度、捕捉率は20～30%程度である。発生確度2となっている地方(県など)には竜巻注意情報が発表される。
発生確度1	予測の適中率は1～5%程度と発生確度2の地域よりは低いが、捕捉率は60～70%程度と見逃しが少ない。

※発生確度1や2が現れていないときでも、竜巻が発生することがあります。

出典:気象庁

用語解説

メソサイクロン:竜巻をともなう積乱雲のなかに存在する直径数kmの低気圧性の回転。
MSM:気象庁の局地気象モデル

49 災害時に身を守る情報を知る

ハザードマップと避難情報

災害から身を守るためには、災害による被害予測や避難場所を地域別に示したハザードマップを日ごろから確認し、自宅や職場周辺の危険な箇所や避難場所を把握しておくことがとても重要です。

2015年に全国600人（20代～60代男女）を対象とした、「トクする！防災」プロジェクトのアンケート結果では、45％の人が自分の住んでいる地域でどのような災害が発生する可能性があるかあまりわからない、考えたことがないと回答しています。ハザードマップの入手方法は各市区町村により異なり、自治体が広報物として配布している場合や自治体のサイトで閲覧できるようになっている他、国土交通省の「ハザードマップポータルサイト」で確認することができます。また、日本気象協会が提供しているアプリ「わが家の防災ナビ」からも一部の災害について確認することができます。ハザードマップは災害の種類によって異なる災害シナリオをもとに作成されているので、想定されたシナリオを超えた災害が発生すると、ハザードマップの災害来襲範囲が変わることもあります。

避難情報には、「避難準備情報」、「避難勧告」、「避難指示」の三種類があり、危険性の度合いにより変わります。「避難準備情報」は、避難の準備を呼び掛けるとともに、高齢者や避難に時間を要する人がいる家庭、危険な地域に住んでいる人へ早めの避難をうながすものです。「避難勧告」は、一刻も早く避難することを勧めるものです。「避難指示」は、避難勧告よりも強く避難をうながすものです。これらの避難情報を常に入手するようにして、早めの避難を心がけるようにする必要があります。

自分の住んでいる地域の危険箇所をハザードマップで把握し、大雨や何らかの自然災害が発生した際には、避難情報等を収集しつつ、安全に早めに避難することを心がけましょう。

要点BOX
- ●ハザードマップで危険災害を知ることが重要
- ●異常気象時には、避難指示、避難勧告、避難準備情報に応じた適切な避難行動をとろう

ハザードマップ例

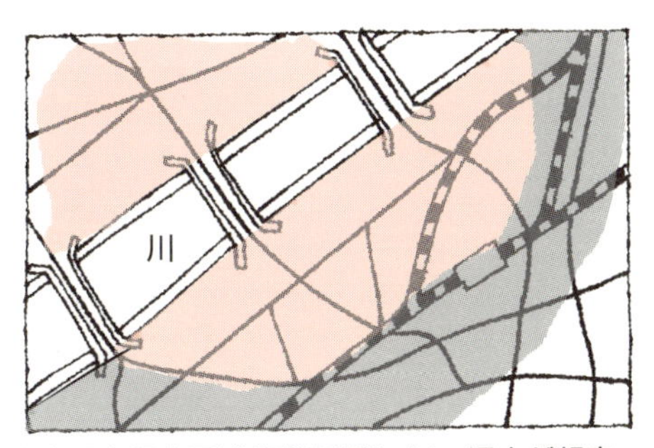

洪水浸水想定区域:河川氾濫により、浸水が想定される区域と水深

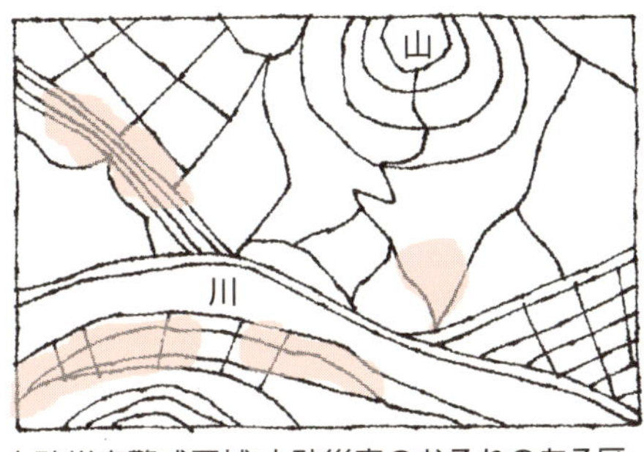

土砂災害警戒区域:土砂災害のおそれのある区域

出典:国土交通省をもとに作成

河川氾濫

土石流

がけ崩れ

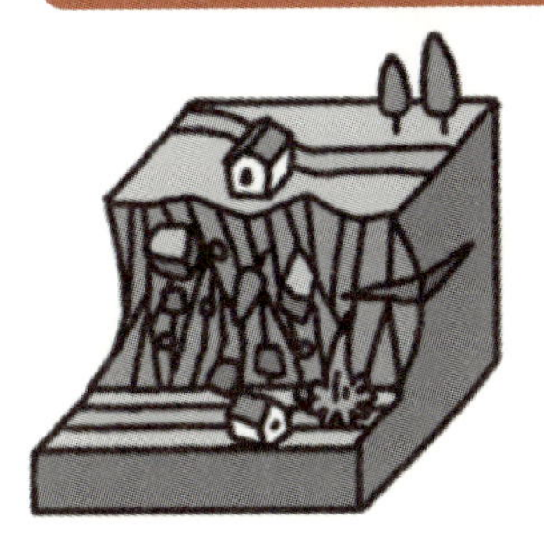

地すべり

出典:「トクする!防災」プロジェクト　公式ウェブサイト

用語解説

「トクする!防災」プロジェクト:2016年から日本気象協会が推進する、ちょっと楽しくちょっとおトクに防災アクションを取ることで、自分や家族の命を守ることを目指すプロジェクト。

50 熱中症から身を守る

気温だけでなく湿度や体調にも注意が必要

熱中症とは、高温多湿な環境に、私たちの身体が適応できないことで生じるさまざまな症状の総称です。昔は「日射病」や「熱射病」と表現されることもありましたが、2000年から総称して熱中症と呼ばれるようになりました。軽い症状から、一度、二度、三度、と三段階に分けられます。

熱中症による搬送者数は年々増加傾向にあり、死亡者も後を絶ちません。要因の一つに、地球全体の温暖化がありますが、それだけでなく、高齢者人口の増加や、震災後のエコ・節電意識の高まりに伴う屋内環境の変化、都市化によるヒートアイランド現象、暑熱順化しにくい体への変化など、社会的な要因もあげられます。

熱中症を未然に防ぐためには、気温や日差しに気をつけるだけでなく、湿度や空調（風）、体調にも気をつける必要があります。

全国47都道府県の20代～30代の男女500名にアンケート調査を行ったところ、北の地域に住んでいる人ほど、運動中の「熱中症経験者」の割合が多く、温暖な地域に住んでいる人の3倍にものぼることがわかりました。これは、普段から身体が暑さに慣れていない人が多いことが原因に考えられます。運動時、上昇した体温をうまく調整できないと、体温は41℃近くまで達することもあります。体温が高くなると体内の臓器は機能しにくくなり、また、汗をかくと血液も減って血のめぐりも悪くなります。こうして熱中症が引き起こされます。

いつでも誰でも環境次第で熱中症にかかる危険性がありますが、正しい予防方法を知り、普段から気象情報や体調に気をつけることで熱中症を防ぐことができます。初夏や梅雨明け・夏休み明けなど、体が暑さに慣れていないのに気温が急上昇する時、湿度が高い時は特に危険です。環境に応じて、予防を心がけましょう。

要点BOX

- 熱中症とは高温多湿な環境に身体が適応できないことで生じるさまざまな症状の総称
- 初夏や梅雨明け・夏休み明けに注意しよう

こんな事で熱中症予防

熱中症はどのようにして起こるのか

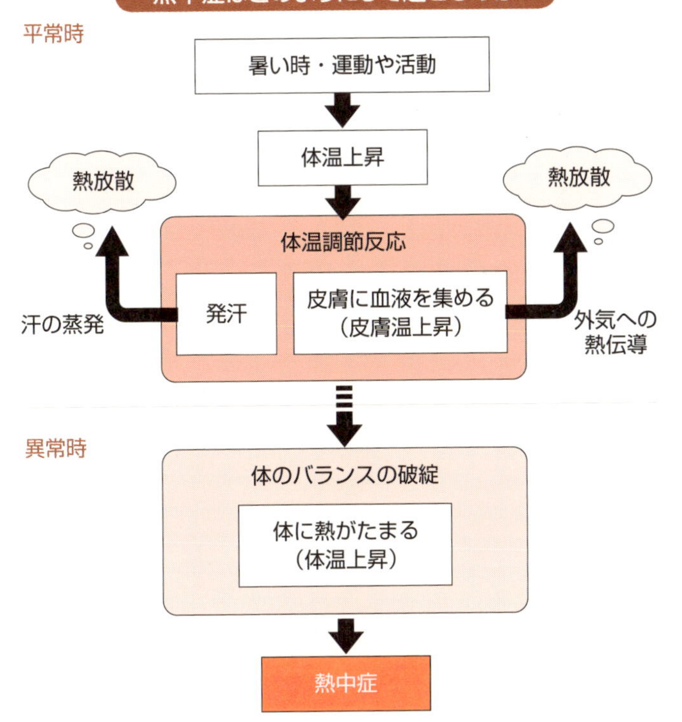

出典:環境省「熱中症環境保健マニュアル2016」

用語解説

暑熱順化：暑さに体が適応した状態のこと。暑熱順化すると、低い体温でも発汗が起こるようになり、熱の放出が早い段階で行われるようになるので体温（核心温）の上昇は少なくなる。

51 吹雪から身を守る

吹雪に遭遇しないための知恵と遭遇した時の対処法

吹雪が発生すると、視程が悪化し、時には周囲が白一色になり方向感覚さえ麻痺する場合もあります。また、吹雪の中では、強い風と雪で体感温度が非常に低くなります。吹雪の中を歩くのは大変危険です。不要不急の外出は控えたほうがよいでしょう。

吹雪の中で車を運転する時は、ライトを点灯し、速度を落とし、車間距離を十分にとりましょう。瞬間的に視界が悪化することもあり、急ブレーキによるスリップ事故や、後続車に追突される事故も発生しやすくなります。運転中に危険を感じたら、道の駅やコンビニなど安全な場所に停車し、天候の回復を待ちましょう。

吹雪が発生している時は、道路上に強い風に吹き寄せられた雪が溜まった「吹きだまり」が発生している場合があります。吹きだまりに埋まって、立ち往生する事故が発生しています。万一、吹きだまりで動けなくなったら、車内にとどまり救助を求めるようにしましょう。その際、原則エンジンは停止したほうが安全です。マフラーが雪でふさがれると、排気ガスが車内に流入して、一酸化炭素中毒を起こす恐れがあります。やむを得ずエンジンをかける場合は、常に車の周囲の状況を確認し、特にマフラーの周辺を除雪するようにしましょう。このような場合に備えて、毛布などの防寒具や除雪道具、非常食などを常備しておくことも重要です。

吹雪に巻き込まれた時の準備をしておくことも重要ですが、吹雪から身を守る基本は、できるだけ吹雪を避けて行動することです。冬に外出する場合は、出発前の十分な情報収集が欠かせません。気象庁や自治体のホームページなどで道路情報や気象情報が提供されているので、こまめに確認し、余裕のある計画を立てるようにしましょう。移動を開始してからも、ラジオや携帯電話で最新の情報を収集する必要があります。

要点BOX
- ●最新情報を確認して吹雪を避けることが重要
- ●吹雪の時は不要不急の外出は避け、外出時は万一に備え事前の準備をしっかりしよう

冬季ドライブの必需品

必需品はほかに
カイロ、非常食、飲料水なども

排気ガスによる一酸化炭素中毒に注意

出典:国立研究開発法人土木研究所 寒地土木研究所
「雪に埋もれた車の中は危険です」のパンフレットより抜粋

吹雪に遭遇しないための情報収集

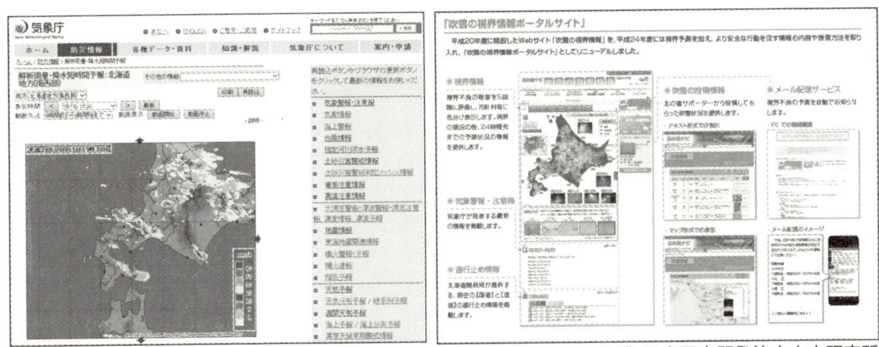

出典:気象庁

出典:国立研究開発法人土木研究所
寒地土木研究所「北の道ナビ」

52 自助・共助・公助の考えで身を守る

公的機関だけに頼らない
ひとりひとりの防災意識

1995年に発生した阪神・淡路大震災の直後から「自助7割、共助2割、公助1割」という言葉が話題になりました。これは阪神・淡路大震災の時に生き埋めや閉じ込められた人が誰に救助されたかを表したものです。救助される（自力で脱出含め）ことだけではない防災における自助・共助・公助について説明します。

【自助】「自分の命は自分で守る」ということです。そのためには事前に備蓄品や非常持ち出し品の準備をしたり、避難場所や経路を確認しておいたりすることが必要です。まず自分の身が守られていないと周りの家族や友人を助けることはできません。大規模災害時は、自治体などから食料の援助が入ります。しかし、役場自体が被害に遭っている可能性も十分に考えられます。役場が機能を取り戻し、全国から救援物資が届くまでの飲食料は自分で用意しておくことが大切です。避難場所や避難経路などについては自治体や防災機関のホームページで確認できます。

【共助】これは周りの人とお互いに助け合ったり、協力し合ったりすることをいいます。この周りの人とは家族や親しい友人とは限りません。隣人かもしれませんし、それまで話したこともなく顔も知らない町内会や自治体の人かもしれません。

事前に地域の人と顔見知りになり話し合っておくことが、いざという時に行動に移せるポイントです。

【公助】災害時には自分でできることや周りの人たちとだけでできることに限界があります。そんな時に必要なのが「公助」です。自衛隊の救助活動や救援物資の支給、役場による避難所開設などがこれにあたります。また、この「公助」には災害発生の前から行われるべき重要な取り組みがあります。それは避難所の指定や建物の耐震・免震工事に対する助成金の支給などがこれにあたります。

要点BOX

- 「自助」とは自分で自分を助けること
- 「共助」とは家族や地域で助け合うこと
- 「公助」とは公的機関による救助・支援のこと

自助・公助・共助

自助
～自分で自分を助けること～
●備蓄品、非常持ち出し品の準備
　（3日分の食料が目安）
●家の中の安全対策
（例:家具や家電の固定）
●避難場所、避難経路の確認
●家族とルールを決めておく
（例:集合場所や安否情報の確認方法）
など

共助
～家族や地域で助け合うこと～
●（災害発生前）防災訓練への参加
●お年寄りや子ども、自力で避難できない方の援助
●消火活動（危険が伴う場合は消防署に任せる）
など

公助
～公的機関による救助・支援のこと～
●自衛隊、消防署、警察署、役場などによる
・（災害発生前）建物の耐震、免震工事の助成金の支給
・救助活動
・避難所の開設
・救援物資の調達、支給
・仮設住宅の建設
など

53 情報だけでは人は動かない

避難を妨げる正常性バイアス

2011年の東日本大震災の津波、2016年の熊本地震のように、危険だという情報が伝えられていても、人はすぐに行動することができません。

これは、「特に問題ない」「自分だけは大丈夫」と思ってしまい、本当は危険が迫っているのに、危険ではないという判断をしてしまうためです。このように、「特に問題ない」「自分だけは大丈夫」と思ってしまうことを、「正常性バイアス」といいます。

正常性バイアスによって、日常のささいな出来事で不安になったりストレスを感じたりすることが減る一方、本当に逃げなければならない危険な時の行動を妨げてしまうこともあります。

では、どのようにすれば人は本当に危険な時に動くことができるのでしょうか。まず、どんな時が本当に危険な時なのかということを知っていることが大切です。気象情報では警報や特別警報、自治体から発表される避難勧告や避難指示といった避難情報など、情報の種類と危険度について知りましょう。次に、危険だということがわかる情報を常に入手するようにしていることも大切です。最後に、危険だという情報が手に入った時にどんな行動をとるかあらかじめ決めておくことも必要です。これにより、危険だということがわかってからすぐに行動することができます。

また、人は、他の人の動きを見て行動します。危険な時に他に動いている人がいるのを見ると、動かなければならない状態であるということがわかり、他の人も行動することができます。

そのため、日頃から情報について知り、情報を得て、その際の行動を考えておき、本当に危険な時には真っ先に行動（率先避難）することで、正常性バイアスによって動けない人を助けることにつながります。

要点BOX

- 人は災害時でも正常性バイアスが作用する
- 日頃から災害に備え、情報とその影響を理解し、異常気象時は迅速で適切な行動をとろう

正常性バイアス

異常事態が発生して、危険が近づいているのを知った後も平常どおりの判断や解釈を続け、事態を楽観視すること

正常性バイアスのよい面

日常のささいな出来事に振り回されなくなる

正常性バイアスへの対策法

■日頃からできること

1.危険を知らせる情報について、よく知っておく。

2.常に情報が手に入るようにしておく。

3.危険だとわかった時にどのような行動をとるか決めておく。

■危険な時にできること

危険だとわかったら、真っ先にあらかじめ決めておいた行動をとる。

54 もしもの時のために

災害に備える日常生活の知恵と工夫

災害が発生した時に生き抜くためには、普段からの備えが重要です。避難所に十分な備蓄品があるとは限りませんので、家庭での備蓄が重要となります。アレルギーに配慮した食事の入手も困難となります。内閣府による首都直下地震等が発生した場合の東京の被害想定によれば、各ライフラインの復旧目標日数は、電気で6日、上水道で30日、ガスで55日となっています。

備蓄といっても特別な物を買う必要はありません。普段使っている物を工夫するだけで上手に備蓄できるローリングストック法というものがあります。普段から少し多めに食材、加工品を買っておき、使ったら使った分だけ新しく買い足していくことで、常に一定量の食糧を家に備蓄しておく方法をローリングストック法といいます。また、災害時はガスや電気、水道が止まり、食材を調理できないことが想定されます。そんな時に役に立つのが「カセットコンロ」です。ローリングストック法では、非常時用の保存食だけを備蓄しているわけではないので、それらの備蓄品を生かすためにもカセットコンロとガスボンベが必需品となります。ローリングストック法は、食料だけでなく、日常使いできる生活用品にも応用することができます。日常的に使用する保存食、飲料水、ウェットタオル、ガスボンベ、乾電池、使い捨てカイロなどは、常に一定量、家庭に置いておくようにすると、突然の災害にも対応しやすいでしょう。例えばスマートフォンアプリ「わが家の防災ナビ」では、備蓄品を確認できる機能があります。

また、避難所に移動する時に必要な食料や生活品などは、家族のリュックサックに手分けして背負えるようにしておき、身分証明書などは持ち出しやすいように、保管場所をまとめておくと便利です。また、アウトドアグッズは災害時に有用なものとなります。

要点BOX

- ●ローリングストック法を活用する
- ●防災向けアプリなどで必要な物を確認し、備蓄品をそろえる

3日間すごすために必要なもの

	3日間過ごすために最低限必要なもの		+αあったらいいもの	
水	水	45L		
	給水タンク	2個		
	給水袋	2袋		
食料品	アルファ化米、レトルトご飯	45食分	★野菜ジュース	15本
	★缶詰(さばの味噌煮、野菜など)	15缶	★飲料(500ml)	15本
	★レトルト食品(冷凍食品)	15個	★菓子類	5パック
	★缶詰(果物、小豆など)	3缶	健康飲料粉末	15袋
	★加熱なしで食べられる食品(かまぼこ、チーズなど)	5個	★調味料(しょうゆ、しおなど)	一式
	★栄養補助食品	15箱		
調理補助品	カセットコンロ	2台	★ラップ	1本
	カセットボンベ	8本	★アルミホイル	1本
	★缶切り	1個	★高密度ポリエチレン袋	1箱
			★ビニール手袋	1箱(約100枚)
			卓上IH調理器	1台
			ポット	1個
清潔品	簡易トイレ	75回分	★消毒類	適宜
	★トイレットペーパー	12ロール		
	★ティッシュペーパー	1パック(5個入)		
	★大型ビニール袋･ゴミ袋	適宜		
	★除菌ウェットティッシュ	1箱(約100枚)		
薬･救急用品	★常備薬･市販薬	各1箱	栄養補助サプリ	適宜
	★救急箱	1箱		
情報確認手段	携帯電話の予備バッテリー	携帯電話の台数分		
	手回し充電式などのラジオ	1個		
日用品	懐中電灯	2個	★使い捨てカイロ	75個
	★乾電池	50本	★新聞紙	適宜
	ライター／点火棒／マッチ	1本		
	ロープ･ガムテープ	ロープ1本 ガムテープ2巻		
	軍手	5組		
衣類など	★使い捨てコンタクトレンズ	1ヶ月分		
その他			ポータブルストーブ	1台
			ガソリン携行缶	1缶

日頃から
備えましょう

★マークがついているものは、日常的に使用する品物です
※上記のリストは、夫婦2人、乳児1人、子ども1人、高齢者1人の5人家族の場合をイメージしたものです
※あくまでも例であるため、それぞれのご家庭にあった備蓄品を用意してください

出典:「トクする!防災」プロジェクト　公式ウェブサイト

Column

天気予報が最も利用されるときは？

インターネット上には天気予報、地震・津波・火山などの防災情報を提供する多くのサイトがあります。また、スマートフォン向けの天気アプリも多く、お気に入りのアプリから気象情報を確認している方も多いのではないでしょうか。

　ここでは、日本気象協会が運用している天気予報専門サービス「tenki.jp」のWebサイトアクセス数からインターネット利用者の防災・気象情報への関心を調べてみます。２０１６年台風第10号が猛威をふるった際のアクセス数をみると、台風がUターンしたとき、関東に近づいたとき、東北・北海道で大きな被害を出したときにアクセス数が大きく推移しています。多くの方が台風に備えるために台風情報を活用しているといえます。

　一方、大きな地震が発生すると、瞬間的にアクセスが集中します。「tenki.jp」では、Twitterアカウント（@tenkijp_jishin、２０１６年11月現在１３４万フォロワー）を利用して地震情報をリアルタイムにツイートしているため、ツイート直後にアクセス数が集中する傾向があります。数時間から数日の予報期間を持ちながら徐々に近づいてくる台風に比べると、月間などの合計値では地震によるピークは不明瞭です。

　天気予報サイトのアクセス状況を確認することで、各地方での極端な気象現象、自然災害に対するインターネット利用者の関心の高さを推測することができます。将来的には、利用者個人の関心が高い情報をリアルタイムにお勧めしてくれるなど、より便利になっていくことを期待したいですね。

2016年台風第10号の進路

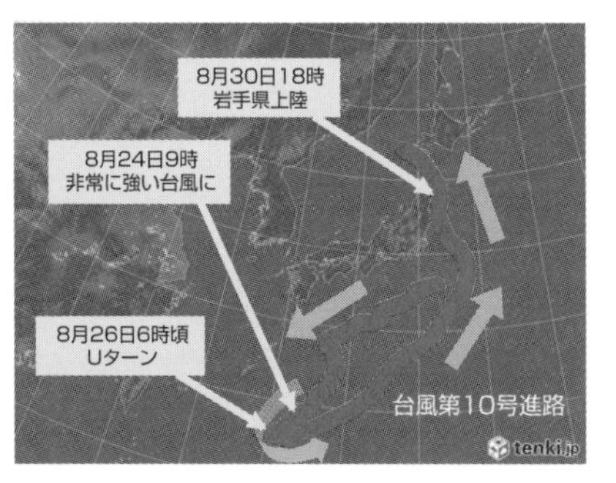

「tenki.jp」webサイトアクセス数の推移

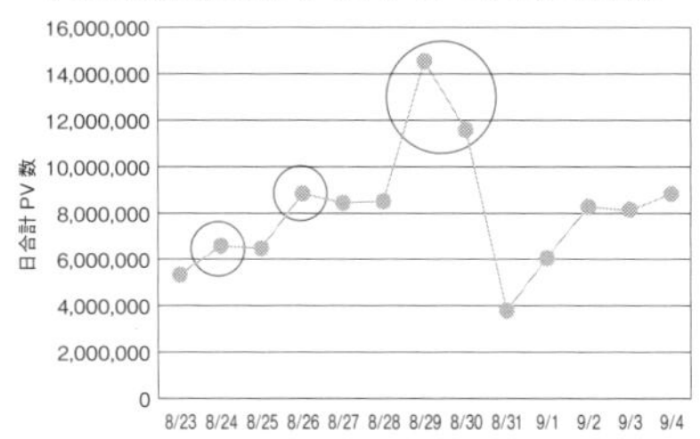

第8章 地球温暖化への挑戦

55 地球温暖化にどう向き合うのか

地球温暖化の緩和策と適応策

地球が人類の活動により温暖化していることはもはや疑いようがありません。地球の気候は人類がこれまで経験したことのない状況に変化しつつあり、異常気象が日常化するのではないかという懸念もあります。このまま、何の対策も打たなければ、未来の地球は人類の生存が脅かされるような環境になるかもしれません。

では、今を生きる私たちはどうすればよいのでしょうか。一つは温暖化を食い止める、つまり、CO_2などの大気中の温室効果ガスの濃度を下げることです。それには、省エネの取り組みや化石燃料から再生可能エネルギーへの転換、CO_2を吸収する森林などを増やすことなどが必要です。このように温暖化を抑える効果がある「緩和策」は、エネルギーや経済社会活動と密接に関係することから、効果をあげていくのはたやすいことではありません。しかし、未来を持続可能なものにするためには、この困難を乗り越えていく必要があります。2015年に世界の国々が採択したパリ協定が地球の未来を決める転換点になるのかもしれません。

産業革命から現在に至るまで、人類は大量の化石燃料を使用して暮らしを豊かにする一方で、大量のCO_2を排出してきました。地球の気温上昇はその累積排出量とほぼ比例関係にあり、たとえ今、排出量をゼロにしたとしても温暖化の影響は避けることはできません。その影響をなるべく小さくする対策を「適応策」といいます。将来の影響を予測し、どのような対策が有効かを評価して、じわじわと進む気温上昇や海面上昇、激甚化する気象災害や食料生産への影響などを最小限にくいとめるための対策です。

緩和策が第一ですが、生命や暮らしを守るには適応策も重要で、この地球上で生きる誰もが無関心ではいられません。互いに協力しながら地域、そして世界全体で取り組んでいく必要があります。

要点BOX

●緩和策は地球温暖化の進行を抑制する対策
●適応策は避けられない温暖化影響を最小限にとどめようとする対策

CO_2の累積排出量と気温上昇の関係

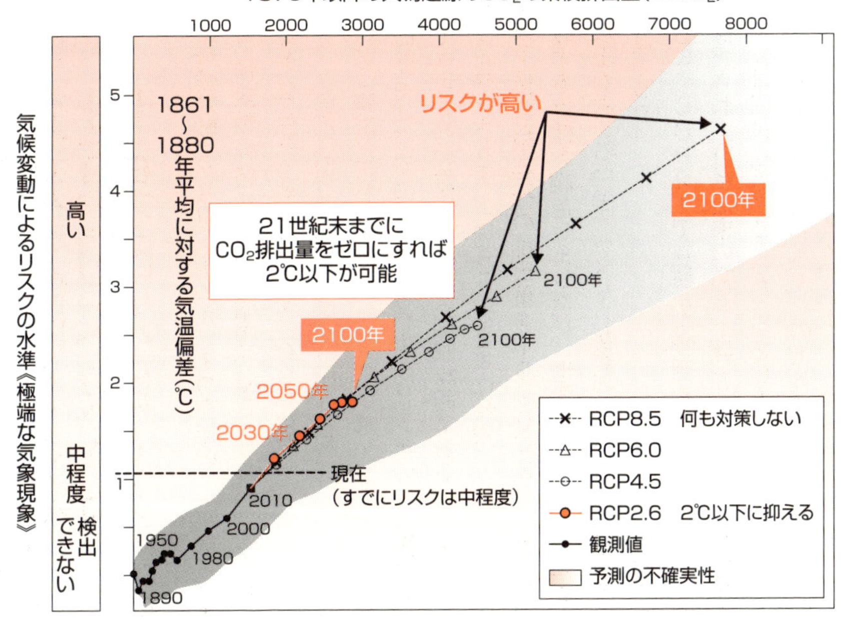

気候変動の影響の大きさと緩和策・適応策との関係

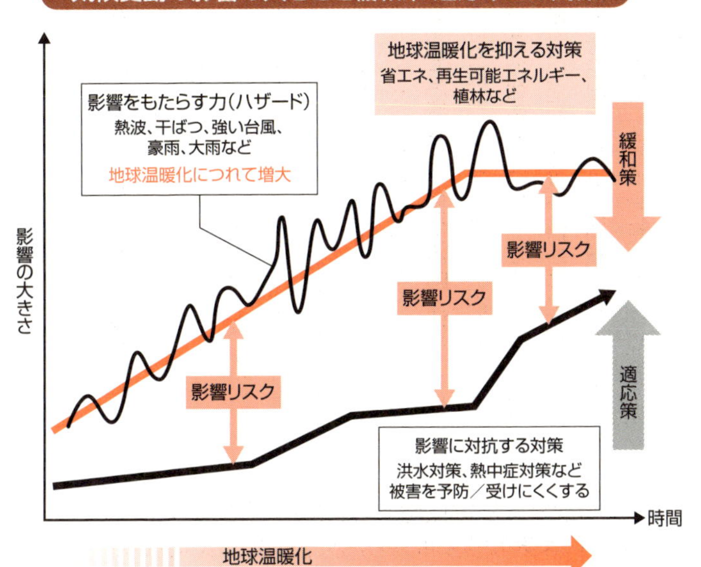

56 地球温暖化対策に向けた世界的な取り組み

IPCCとCOP

国際的に気候変動にどう対応するか、その交渉の場が国連気候変動枠組条約の締結国会議COP(Conference of the Parties)です。COPは年一度開催され、各国の協力体制、発展途上国への援助など多岐に渡る議論が行われます。

COPの歴史は交渉の歴史です。1997年のCOP3では世界初の温室効果ガス削減枠組である京都議定書が採択されました(2002年に発効)。この議定書では先進国全体の排出量を1990年比で5%削減する目標を設定しましたが、世界の排出量の半分以上を占める中国、アメリカが参加していないことが問題でした。

2015年のCOP21では新たな枠組み、「パリ協定」が採択され、21世紀末の気温上昇を1・5℃未満に抑える目標が設定されました。(2015年の世界平均気温は産業革命前から1℃の上昇)。現時点で各国が申請している削減量は目標達成には十分ではありませんが、途上国も含めた全会一致の合意が得られたことに大きな意味があり、今後の進展が期待されます。

COPは重要な会議ですが、各国の利害が絡むだけに科学的根拠が重要となります。この情報収集・提供の役割を担うのが気候変動に関する政府間パネルIPCC(Intergovernmental Panel on Climate Change)です。IPCCには各国から一流の研究者が集い、約6年ごとに科学的背景・適応・緩和など、気候変動に関わる最新の知見をまとめた報告書を作成しています。この報告書にはシナリオによって地球温暖化の進行度合いが異なる世界像などが記載されており、政策決定者や研究者などに利用されています。

最新のIPCC第5次評価報告書では、極めて高い確率で人間活動が温暖化の原因であることが述べられ、このまま温暖化が進行した場合に気温が最大4℃以上上昇する可能性などの将来像が予測されています。

要点BOX

- COPは気候変動に関する政府間の交渉の場
- IPCCは気候変動に関する最新の知見を評価し、政策立案者に「助言」を行う

地球温暖化対策には

多数の関係者と立場

被害を受ける者
排出量削減を迫られる者
ビジネスチャンスになる者
行政担当者
研究機関
ロビー団体
⋮

多くの論点

・先進国と途上国の責任の違いは？
・先進国の過去の責任を果たすべき
・途上国の経済発展の権利は？
・削減目標はどの程度がいいのか？
・将来選ぶべき世界のあり方は？
⋮

参加国にも多くのグループ

・先進国
・産油国
・島嶼国
・発展途上国 …
・アフリカ諸国

このような背景の中で国際交渉を行う場がＣＯＰ(締結国会合)
表現一つまで、全参加者一致で合意した内容のみが公式見解になる

〜持続的な社会に向けて〜

2015　パリ協定
2009　コペンハーゲン合意
1997　京都議定書
1995　初のCOP

パリ協定

・途上国も含めた世界規模での目標設定(2℃未満)
・途上国も含めた各国が削減目標を示す
・先進国からの援助資金を毎年1000億ドル出資する

IPCC

世界各国から多数の研究者が参加

気候変動に関して3テーマについて最新の知見を評価

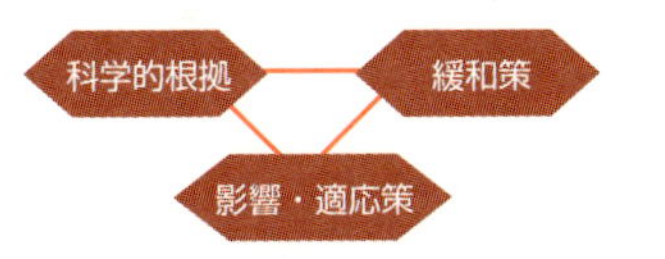

将来予測

IPCC 評価報告書ではいくつかの将来像を設定した予測・評価結果をまとめています。
現在のペースで排出が続くとRCP8.5に近い将来が現実となる可能性が高くなります。

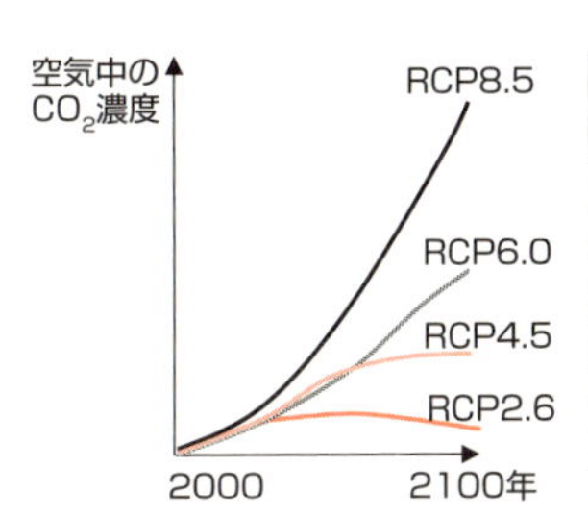

RCP8.5：	2100年の気温上昇が4.5℃程度のシナリオ
RCP6.0：	2100年の気温上昇が3℃程度のシナリオ
RCP4.5：	2100年の気温上昇が2.5℃程度のシナリオ
RCP2.6：	2100年の気温上昇を2℃以下に抑えるシナリオ

57 他国との取引や支援でCO_2排出量を減らす

排出量取引と二国間クレジット制度（JCM）

　地球の温暖化を抑制するためには、温室効果ガスの排出を可能な限り削減しなければなりません。各国はそれぞれ目標を立てて削減の努力をしていますが、経済やエネルギーとは密接な関係にあります。化石燃料を使用すれば温室効果ガスが排出されるので、経済を維持しながら排出を削減することはたやすいことではありません。また、削減のためには優れた省エネ等の技術や費用も必要になってきます。

　一方、そのような技術のレベルや削減にかかる費用は国や事業者によって異なります。そこで「取引」によって地球全体としての削減を効率化しようという考え方があります。

　国や企業が排出できる温室効果ガスの量を「排出枠」として決め、それを超過した所は超過していない所から排出枠を買ってきて自分の削減とみなせるというしくみが「排出量取引」です。超過しそうな場合は、投資して自力で削減するか、ほかから排出権を購入するか安い方を選べるので、全体として削減費用を抑えることができます。また、排出権を売る方も買う方も、より削減する方が利益につながるため、削減しようというインセンティブが生まれます。

　ＪＣＭ（二国間クレジット制度 Joint Crediting Mechanism）は日本が提案している新たな枠組みです。開発途上国に対し日本の優れた低炭素技術、製品、システムなどの普及や対策をＪＣＭプロジェクトとして実施し、それによる温室効果ガスの排出削減・吸収量を定量的に評価してクレジットとして日本の削減目標の達成に活用するというものです。途上国はより進んだ技術で効果的に削減できるようになる一方、さらなる削減のためには多大な投資が必要な日本にとってもこのクレジットは非常に役に立ちます。

　大気には国境がありませんから、これらのしくみを積極的に活用し、地球全体で削減を進めることが重要です。

●排出量取引により少ない費用で確実に削減
●JCMで途上国を支援しながら排出削減

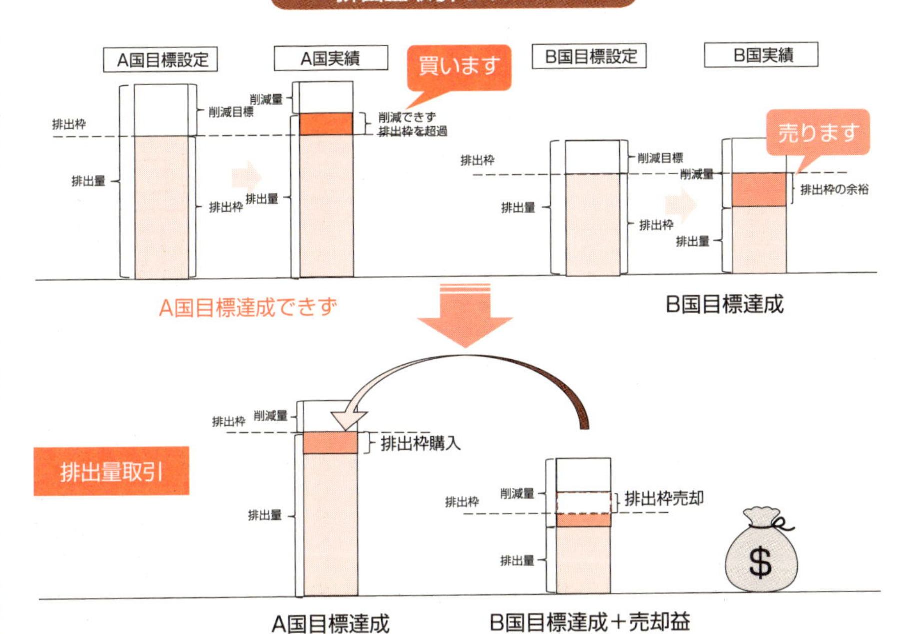

二国間クレジット制度（JCM）のイメージ

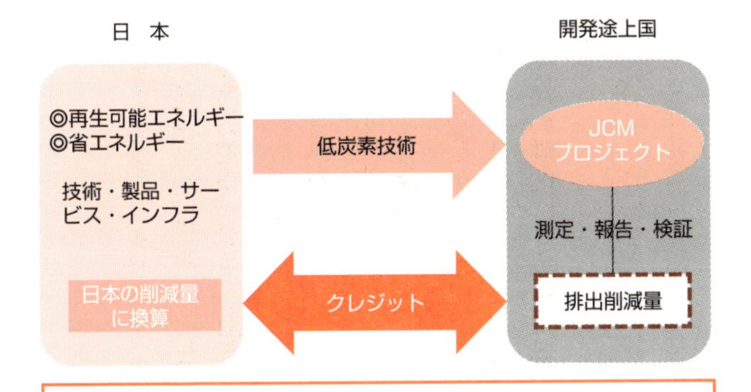

2016年1月時点で16カ国とJCM構築合意

モンゴル、バングラデシュ、エチオピア、ケニア、モルディブ、ベトナム、ラオス、インドネシア、コスタリカ、パラオ、カンボジア、メキシコ、サウジアラビア、チリ、ミャンマー、タイ

58 二酸化炭素を回収・貯留する

二酸化炭素隔離貯留技術(CCS)

2015年に採択されたパリ協定の目標達成には、CO_2排出量を2050年までに80～90%削減する必要があります。CO_2を回収・貯留するCCS(Carbon Capture and Storage)は、この目標達成にむけてより効果的な技術として注目されています。CCSは、火力発電所や製鉄所、セメント工場から出る排ガスからCO_2を可能な限り分離回収し、大気中に放出されないように地下深部や深海に貯める技術です。この技術が実用化されれば、CO_2排出量を大幅に削減できます。

CCSはなぜ、地球温暖化対策技術として注目されているのでしょうか。その主な理由は導入可能な時期とコストにあります。CCSはすでに実証プロジェクトが世界中で行われ、早期の技術導入が期待されています。また、CCSは他の対策と比べてコスト面でも優れているといわれています。このようにCCSは現状で選択できる緩和策のひとつとして有望な技術です。

しかし、CCSにはまだ多くの課題があります。自動車や家庭といった分散型の排出源への適用、CCSの環境影響評価やCO_2漏えいの監視、CCSの有効性評価、CCSのコスト削減などの技術的課題があります。また、貯留隔離地点の選択も問題です。国際条約により海洋隔離は禁止されており、地下の帯水層や枯渇油田・ガス田など貯留域を活用することになります。漏えいが少なく長期間安定して貯留できる場所をどのように探すかが大きな課題です。CCSに対する国際的な合意や国民の理解、さらには法制度の整備も今後の課題です。

今後も化石燃料を使い続けることによる温暖化影響を緩和するために、CCSは非常に有益な技術ですが、多くの技術的・社会的な課題があります。温暖化対策にはCCSのみならず化石燃料から脱却した再生可能エネルギーの導入などの取り組みも積極的に進める必要があります。

要点BOX

- CCSは排ガスからCO_2を分離回収し、環境から長期間隔離する技術
- 高い温室効果ガス削減効果が期待できる

二酸化炭素隔離・貯留技術

①CO_2を大気中に放出される前に分離
②分離したCO_2を貯留施設まで輸送(パイプライン、船等)
③地下深部、深海等の貯留サイトで長期間隔離

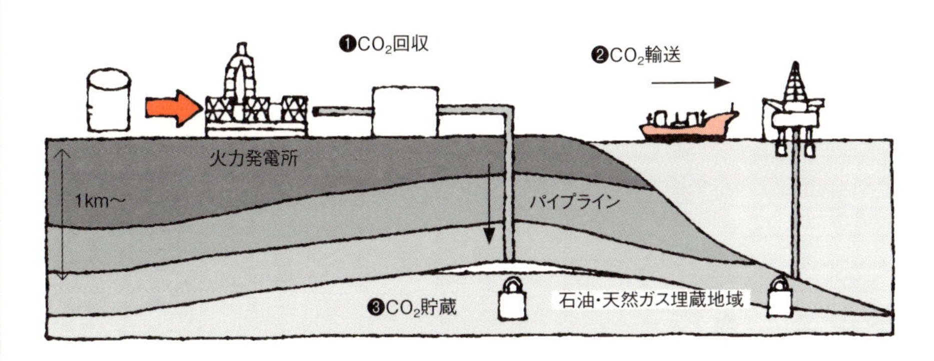

CCSによる削減効果

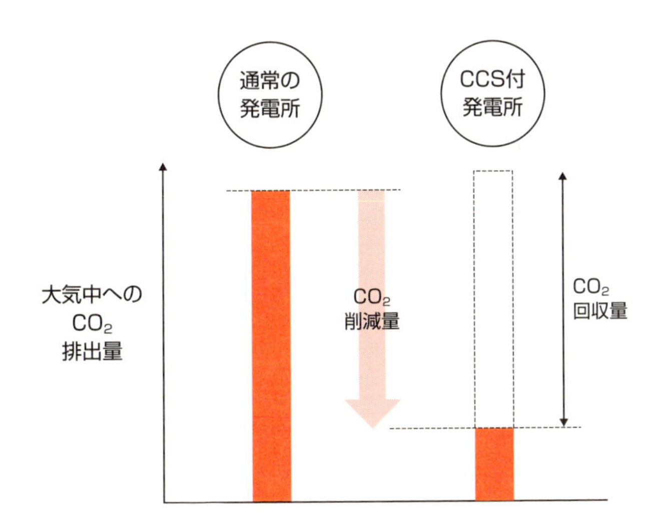

59 天気予報で二酸化炭素を削減する

気象予測による食品ロス削減の取り組み

近年、賞味期限切れや売れ残りなどが原因で、まだ食べられる食品を廃棄してしまう「食品ロス」が世界的に問題となっています。日本国内で1年間に発生する食品ロスの量は約500~800万トンといわれており、これは世界の食料援助量（390万トン）を大きく上回る量です。食品の生産や輸送、廃棄の過程では大量のCO_2を排出するため、過剰生産や過剰在庫は、まだ食べられる食品を廃棄してしまう「もったいなさ」に加えて工場の余分な稼動によるCO_2の過剰排出にもつながっています。

食品ロスが発生する原因の一つに、日々の気象の変化があります。食品の需要は気温の変化に大きく関係しており、例えば夏場には冷たい飲み物や冷やし中華、冷ややっこなどの需要が高くなり、冬場には鍋物や温かいスープなどの需要が高くなります。食品メーカーや小売店は、日々商品の需要予測を行っていますが、気温が急に変化したり雨が降ったりすると、気象の影響を受けやすい商品の需要が大きく変動します。その影響で売れ残りや過剰在庫が発生し、返品輸送や廃棄により大量のCO_2が排出されてしまいます。

そこで現在、気象情報を用いて食品の需要予測を行い、その情報を企業間で共有することで、生産から販売までの流通網全体として食品ロスを減らす取り組みが行われています。まず過去の商品売上データと気象データから気象と売上の関係を把握し、そこに気象予測データや、「暑い・寒い」などの人の心理変化などを加味することで高精度な需要予測を行います。その予測情報を食品メーカーや卸・配送会社、小売店などで有効に活用し、生産量や販売量を調整することで、食品ロスの削減を目指しています。

このように、天気予報を利用して効率的な社会の実現を目指す取り組みは現在もさまざまな商品や業種へと拡大されています。

要点BOX

- 食品の需要は気象の影響を受けやすい
- 気象情報を利用して商品の需要予測を高度化し、予測情報を共有して食品ロスを削減

食品ロスの実態

世界の 食料援助量	日本の 食品ロス
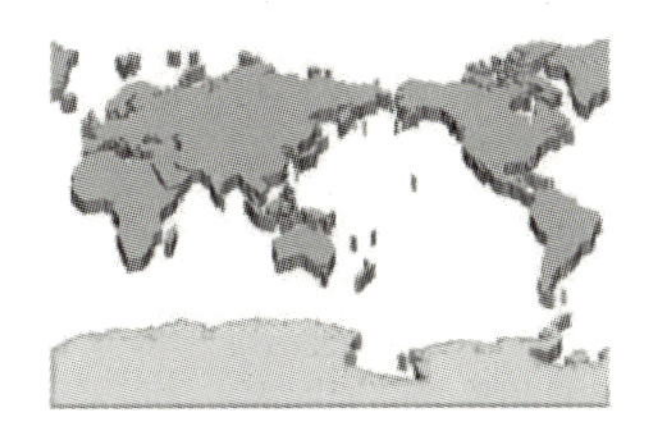	
2014 年 約 320 万トン	年間 約 632 万トン

出典:政府広報オンライン

気象データで食品ロスを減らす取り組み

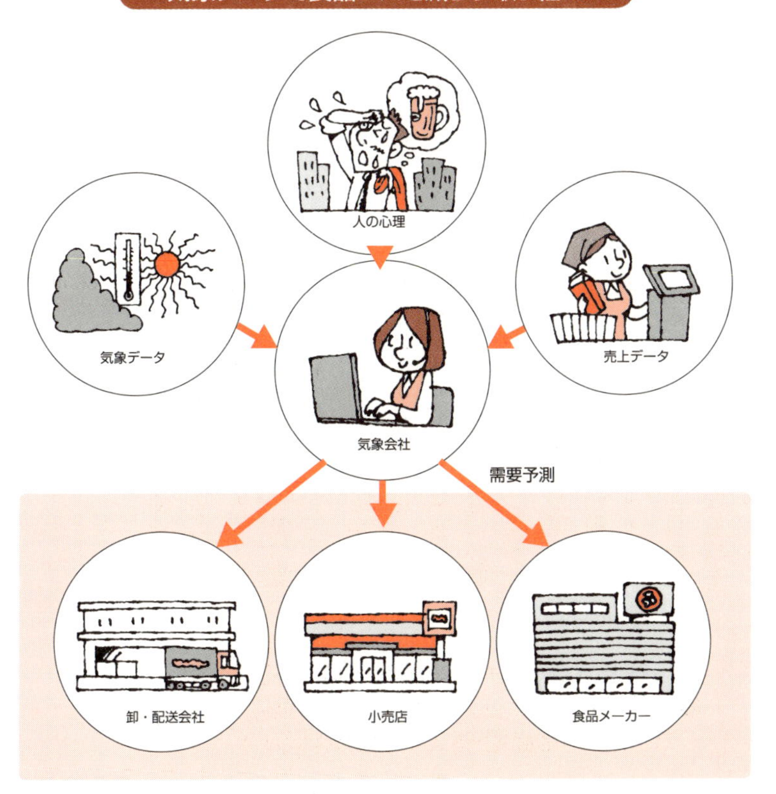

60 東日本大震災から学ぶ

節電・省エネ活動の秘訣

地球温暖化の原因となるCO_2を削減するためには、化石燃料から風力や太陽光等の再生可能エネルギーへと転換することが、今後大事な取り組みとなります。一方で、エネルギーの転換と同様に重要となるのが、企業や国民ひとりひとりによる電力使用量自体を減らす活動（節電・省エネ活動）です。２０１１年に発生した東日本大震災の際には、電力不足による計画停電などが行われ、多くの企業や国民による節電・省エネ意識の高まりと具体的な取り組みが行われました。

東日本大震災では福島第一原子力発電所の事故が発生し、周辺地域に放射線が漏れる等、大きな被害が発生しました。安全のため、国内の原子力発電所はすべて停止させることになり、東北地方や関東地方を中心に、その年の夏は深刻な電力不足が予想されました。それを回避するために、政府は具体的な電力使用量の削減目標を定め、国内の企業や国民に対して本格的な節電を呼びかけました。政府の呼びかけを受けて、日本全国で節電・省エネ活動が進められました。企業では、電灯を間引く等の対策やエレベーターの使用を控える等の活動と共に夏季長期休業の実施等、働き方の見直しも行われました。

家庭における節電・省エネ活動としては、エアコンの温度を高めに設定したり、照明のこまめな消灯やテレビ画面の明るさの低めの設定等の活動が行われました。一方、電力を供給する東京電力は、翌日に必要な電力の予測を「でんき予報」という形で、インターネットに公開しました。「でんき予報」は、節電を必要とする時間帯を使用者に示すことにより、効率的に節電・省エネ活動を行うことを促しました。このように、国と企業と国民が一体となった活動を行った結果、東京電力と東北電力は電力使用量の削減目標を達成し、東日本大震災の後の電力危機は回避されることになりました。

要点BOX

- ●節電・省エネ活動では、危機意識の共有が必要
- ●節電・省エネの必要な時間帯を明確にすることで、効率的な節電・省エネ活動を行う

企業が取り組んだ節電・省エネ活動の例

種類	節電・省エネ活動
設備対策	電灯の間引き
	エアコンの設定温度アップ
	トイレのエアタオル・温水便座の停止
節電活動	パソコンの待機電源の削減
	階段の使用励行
働き方の見直し	夏季長期休業の実施
	始業終業時刻の1時間前倒し
	クールビズの早期開始

家庭で取り組んだ節電・省エネ活動の例

種類	節電・省エネ活動
エアコン	室温を高め(28度など)に設定する
冷蔵庫	冷蔵庫の温度設定を「中」や「弱」にする
	冷蔵庫の開閉数を少なくし、開閉時間を短くする
照明	白熱電球からLED電球に交換する
	日中で部屋が明るいときには照明を消す
テレビ	テレビ画面の明るさ(輝度)を低めに設定する
	テレビの「ながら見」を止める等、必要な時以外は消す
その他	温水便座の保温・温水機能を停止する
	炊飯器を使う場合は、ご飯をまとめて炊くようにする
	家電製品を使わない時は主電源をオフにするかコンセントを抜く

「でんき予報」のイメージ

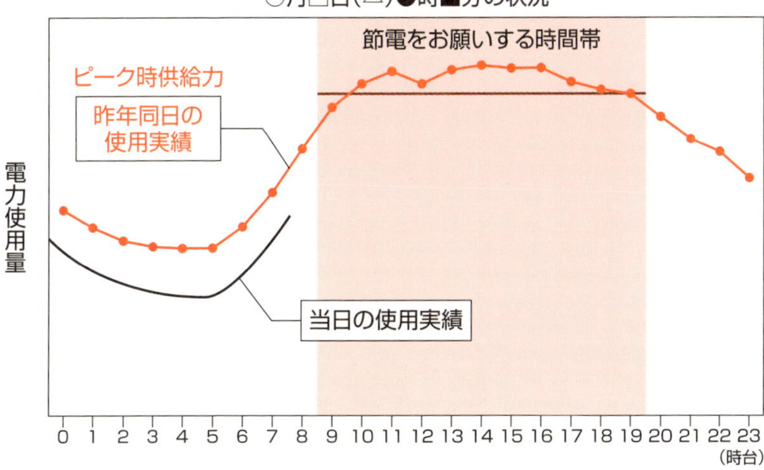

61 輸送手段を変えて二酸化炭素を削減する

トラックから鉄道・内航海運へのモーダルシフト

日本の温室効果ガス排出量に占める運輸部門の割合は約20%です。国内物流の輸送機関分担率（輸送トンキロベース）はトラックが最大であり、50%を超えています。

貨物1トンを1km輸送するときに排出されるCO_2の量（g）をCO_2排出原単位といいます。トラックのCO_2排出原単位は217と、大量輸送機関の鉄道25、内航海運39よりも大きく、トラックは運輸部門のCO_2排出量の約90%を占めています。

鉄道、内航海運の排出原単位は、トラックと比較してそれぞれ8分の1、5分の1と低く、環境負荷が小さい効率的な輸送手段です。主要な輸送手段（輸送モード）を転換（シフト）することを「モーダルシフト」といいます。1990年頃にはトラック運転者不足に対応するためにモーダルシフトが提唱されました。さらに最近では、CO_2の排出を抑制するための緩和策のひとつとして、トラックから、輸送効率の良い鉄道、内航海運等へのモーダルシフトが進められています。

500km以上の輸送については、輸送機関分担率は内航海運、鉄道ともに年々増えており、内航RORO／フェリーによるトラック／シャーシ輸送、内航船によるコンテナ輸送、鉄道によるコンテナ輸送によってモーダルシフトを拡大できると期待されています。

発荷主（出発地）から着荷主（到着地）までのドアからドアまでの輸送において、距離が遠い場合、地域内輸送と、地域間を結ぶ幹線輸送という異なる交通機関を利用することをインターモーダル輸送といいます。利用者（荷主）は、地域内輸送と幹線輸送を接続するターミナルでの時間、輸送コストも勘案して、最も効率的な輸送手段を選択します。自動車中心の国内輸送においてモーダルシフトを推進するためには、トラックから鉄道や内航海運に効率的に貨物を載せかえるためのターミナルを整備することが重要です。

要点BOX
- ●モーダルシフトは地球温暖化対策のひとつ
- ●トラックから輸送効率の優れた鉄道や内航海運への転換を進め、温室効果ガスを軽減

輸送別CO_2排出量

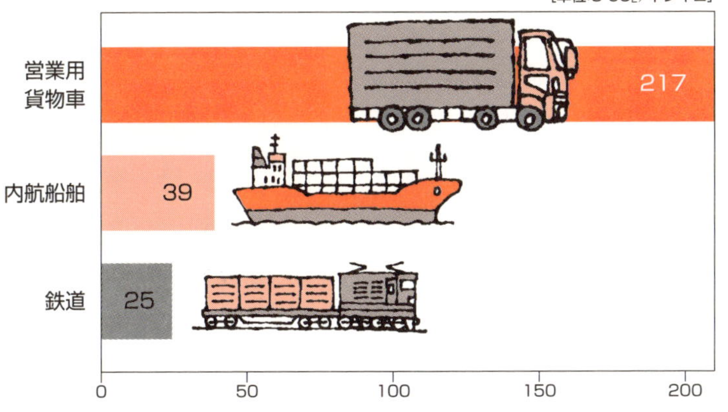

出典:国土交通省の資料をもとに作成

モーダルシフトのイメージ

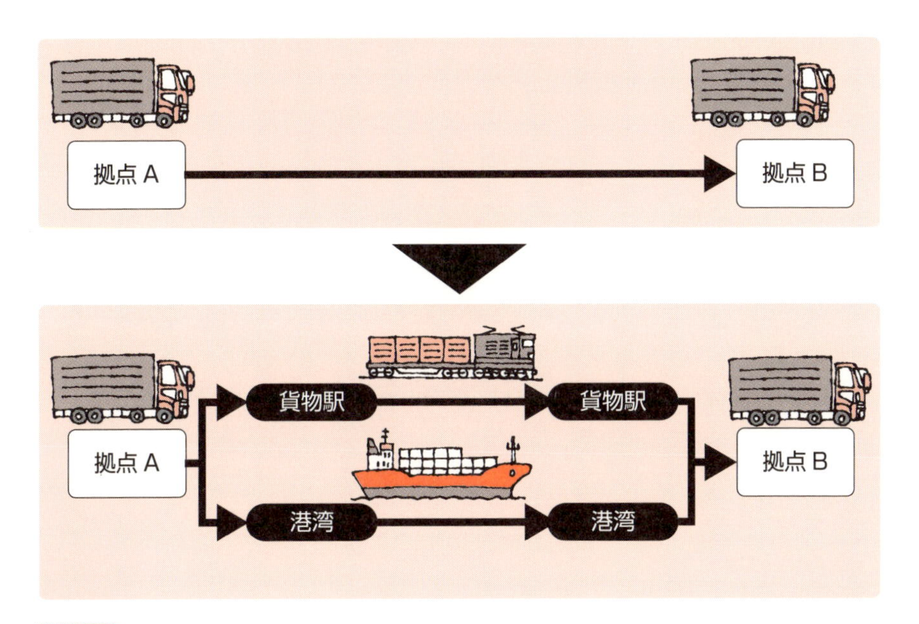

用語解説

内航海運:国内貨物の海上輸送。

RORO船:ローローせん(roll-on/roll-off ship)は、トラック、トレーラー等の車両を収納する車両甲板を持つ貨物船。クレーン等に頼らず自走で搭載/揚陸するため荷役時間を短縮できる。

62 地球に優しいクリーンエネルギー

再生可能エネルギーの活用による地球温暖化対策

再生可能エネルギーとは、太陽光、風力、水力、地熱、太陽熱、バイオマスなど永続的に利用することが可能なエネルギーです。再生可能エネルギーの利用用途としては、発電、熱利用、燃料としての利用などがあげられます。

太陽光や風力などの再生可能エネルギーは、気象と密接に関係しています。太陽光発電では、快晴日の昼（特に初夏）に発電量が多くなります。一方で、曇りや雨の日はほとんど発電することができません。晴れていても雲が太陽を隠すと急激に発電量が低下します。また、風力発電は、寒冷前線の通過や気圧配置の変化などに伴う風の強弱に影響を受けます。

再生可能エネルギーを用いた発電の普及は、地球温暖化対策の一つとして期待されています。再生可能エネルギーを用いた発電は、地球温暖化の原因となる温室効果ガスを発電時にはほとんど排出しません。また、燃焼時にCO_2を排出するバイオマス発電については、成長時にCO_2を吸収する森林などの生物資源を燃料として利活用することで、CO_2を増加させないため、地球温暖化対策への貢献が期待されています。

しかし、再生可能エネルギー由来の発電を大量導入することは容易ではありません。再生可能エネルギーによる発電では、日射量や風などの気象の時間変化に伴い発電出力の変動が大きくなります。発電出力の変動は、電圧や周波数の変動をもたらします。このため、再生可能エネルギーを大量導入するためには電力の安定供給が課題となります。そこで、再生可能エネルギーの発電出力変動を吸収する手法として、蓄電池の活用や電力を水素に変換する方策が検討されています。さらには、気象予測を基にした太陽光発電量予測や風力発電量予測を活用し、火力発電や水力発電の予備力を効率的に運用することにより電力の安定供給を実現しています。

要点BOX
- ●太陽光や風力などの自然を利用した再生可能エネルギーは永続的に利用できる
- ●再生可能エネルギーは気象の影響を受ける

太陽光発電（上）と風力発電（下）に対する気象の影響

用語解説

バイオマス：動植物などから生成された生物資源。木の廃材、食品加工廃材物、家畜排せつ物などがある。

63 将来の水害を防止軽減するために

将来的な気候変動に対応した治水対策

日本では1時間雨量50ミリを超えるような短時間強雨や総雨量が数100ミリから1000ミリを超えるような大雨が増加傾向にあります。将来の気候変動により短時間強雨や大雨がさらに激しくなることが予測されており、水害の発生頻度が増加したり、極めて大規模な水害が発生する懸念が高まっています。将来発生するおそれがある水害を軽減するためには、どのような対策が必要なのでしょうか。

水害を防止・軽減するための対策を「治水対策」といいます。地球温暖化対策としての治水対策には大きくわけて次の二つの考え方があります。ひとつは、比較的発生頻度が高い大雨に対しては、これまでどおりにダムや堤防などを整備し、適切な維持管理・更新を行うことで水害の発生を着実に防ぐことです。短時間強雨や大雨の発生頻度の増加は日本でもすでに顕在化していることから、現在実施されている治水対策をしっかり推進することが重要です。

二つめは、施設の能力を上回る大雨に対する減災対策です。気候変動によって激甚化、頻発化する大雨に対応するためには、既存の治水施設の機能を最大限活用することが必要です。例えば、ダムによる洪水調節では、大雨の予測情報を活用して事前にダムから放流し、洪水時のダムの貯水容量を確保することが考えられます。また、まちづくりと連携した浸水被害軽減対策も必要です。将来に予測されている人口減少をふまえ、過疎地を遊水地化すること、道路を盛り土にして河川からの氾濫が広がることを防ぐことなどが考えられます。さらに、避難、応急活動のための備えとして、平時からの危険箇所の把握、避難をうながすわかりやすい防災情報の提供も重要です。

地球温暖化による影響やそれがもたらす水害発生リスク、その地域の特性を正しく認識し、施策を総動員した治水対策を速やかに講じることで、できる限り被害を軽減していくことが必要です。

- ●様々な手段で将来の水害に備えることが重要
- ●既存の治水対策の有効活用や居住地移転のほか、ハザードマップや水害リスクを確認する

温暖化に対する緩和策の例

気候変動に対応した治水対策

ダムでの事前放流による治水施設の有効活用

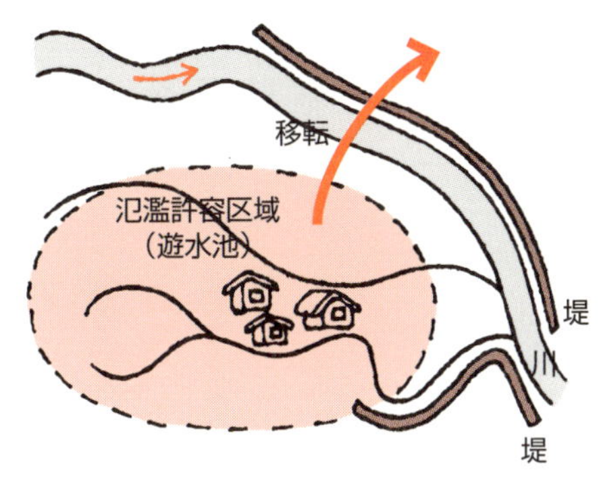

遊水池の整備・居住区移転

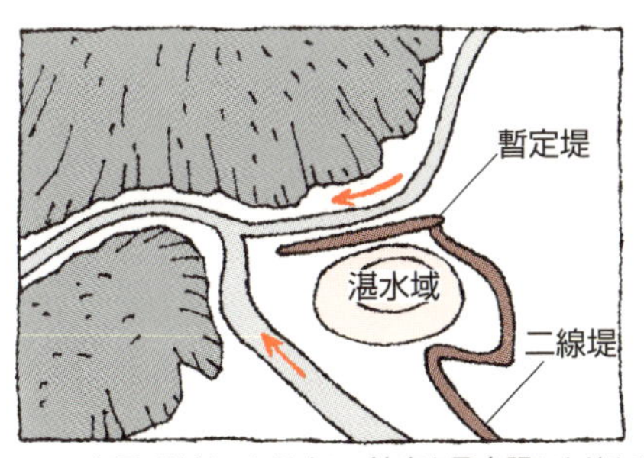

万一、本堤が決壊した場合に、被害を最小限にとどめる為、堤内地に築造される堤防

道路の盛り土・二線堤による氾濫拡大の抑制

出典:国土交通省HP河川事業概要をもとに作成

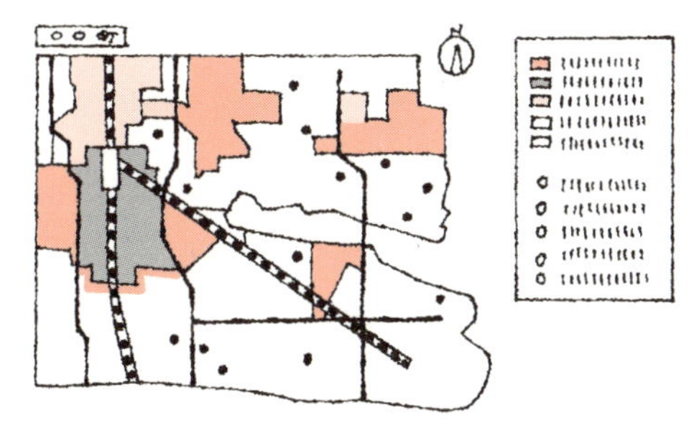

ハザードマップなどのリスク情報の提示

出典:国土交通省の資料をもとに作成

64 気候変動に対応した高潮・高波対策

将来の海面水位上昇や高潮高波リスクの増大に備えて

ＩＰＣＣ第５次評価報告書によれば、地球温暖化の進行により気温・海水温の上昇、海面水位の上昇や強い台風の発生数の増加が懸念されています。強い台風が増加すると、台風が日本に接近・上陸する際の中心気圧の低下や風速の増大が懸念され、高潮による潮位上昇の増大や波浪の強大化のリスクが高まります。港湾や海岸地域では浸水被害の拡大、沿岸では高波による海岸侵食の増加といった影響が懸念されます。

気候変動に伴う高潮・高波被害のリスクへ適切に対応していくためには、まずは「モニタリング」が必要です。海面水位の上昇は突然出現するのではなく、徐々に影響が出てきます。気象・海象のモニタリングを継続的に行いながら気候変動による影響の兆候を的確にとらえるとともに、高潮・高波の浸水予測シミュレーションの実施により将来の気候変動の影響を定期的に評価し、対策強化と情報提供を行っていくことが重要です。

将来の高潮・高波の予測結果から浸水リスクの高い箇所を把握し、防波堤や防潮堤といった海岸保全施設の整備（ハード対策）の基準を設定していくことも必要です。すべての海岸線で一律の防護水準とするのではなく、背後地（海岸保全施設の陸側）の重要度に応じて柔軟に設定し、港湾・企業ＢＣＰの作成や避難計画策定・訓練の実施といったソフト対策も組み合わせていくことも重要です。

海岸地域では、進行する海岸浸食への対応を強化することも必要です。気候変動による影響は海面水位の上昇や波高の増大だけでなく、砂浜や海底の漂砂量が増大する可能性もあり、汀線（海面と陸地との境の線）の後退や海岸侵食の増加が懸念されています。対策としては、沿岸の漂砂を抑えるために突堤を整備したり、養浜（砂浜を造成）を実施する方法があります。また、都市機能の移転・集約による土地利用の適正化といった「街づくり」の視点も必要です。

要点BOX
- 海面水位の上昇を継続的にモニタリング
- ハードとソフトを組み合わせた高潮・高波対策に加えて海岸侵食対策は街づくりの視点が必要

将来の地球温暖化で増加が懸念される港湾・海岸の被害

海面水位上昇や高潮による浸水被害

出典：気象庁

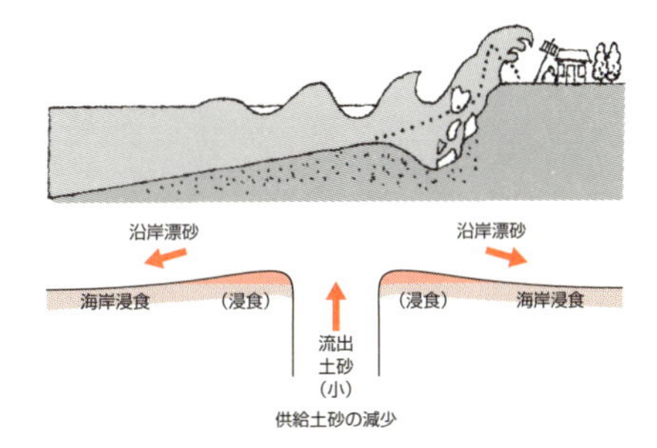

高波や沿岸漂砂による海岸浸食

出典：鳥取県

気候変動に対応した高潮・高波対策

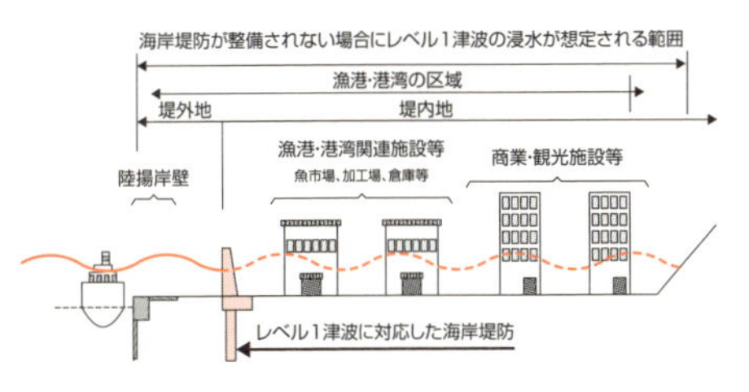

後背地の重要度に応じたハード対策の実施

出典：宮城県

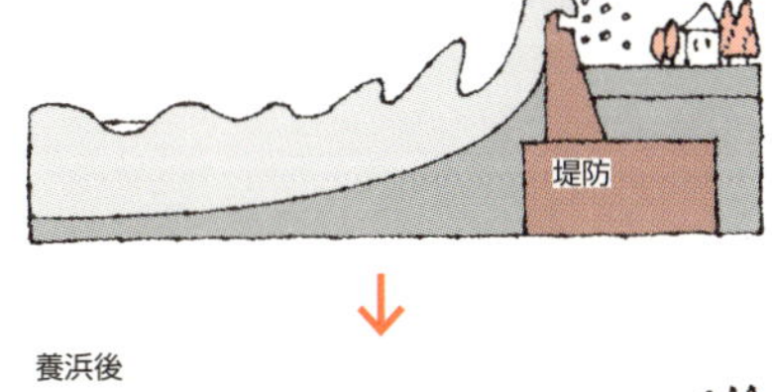

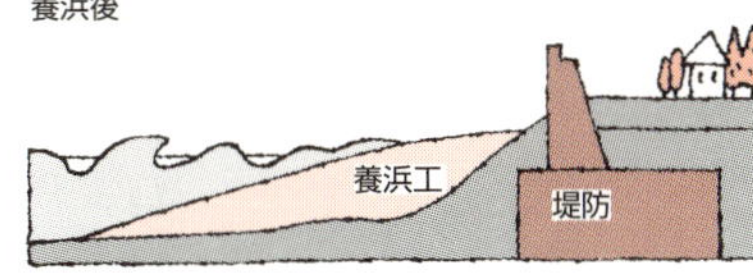

養浜による海岸浸食対策

出典：国土交通省

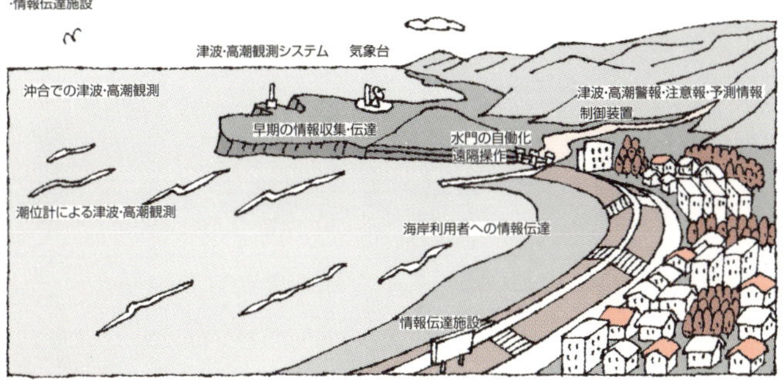

ソフト対策も
組み合わせた
減災対策

出典：国土交通省

用語解説

BCP：事業継続計画（Business continuity planning）のこと。企業が自然災害、大火災、テロ攻撃などの緊急事態に遭遇した場合において、事業資産の損害を最小限にとどめつつ、中核となる事業の継続あるいは早期復旧を可能とするために、平常時に行うべき活動や緊急時における事業継続のための方法、手段などを取り決めておく計画のこと。

65 農作物の栽培適地は北上するのか？

将来の気温上昇がもたらす農作物への影響

日本における21世紀末までの気温上昇量は約2℃から4℃と予測されています。例えば、新潟の年平均気温13・9℃から4℃上昇すると、宮崎の平均気温とほぼ同じになります。気候変動が農作物に及ぼす影響は、農作物の種類や生産地域などによって違い、悪い影響と良い影響の二つが考えられます。

悪い影響は高温による品質低下、収量減少、病害虫の増加などが考えられます。影響が大きい場合には、これまで生産していた作物の栽培に適さない気象条件となり、栽培ができなくなる可能性もあります。例えば、気温上昇によりウンシュウミカンの生産適地は南東北沿岸まで北上する一方、現在の主要産地は高温で栽培に適さない地域になる可能性が指摘されています。ミカン以外にも、りんごの生産適地が北上することも指摘されています。コメは高温になると白い未熟粒や胴割れなどが発生し、品質が低下します。コメの高温障害は、九州地方などですでに問題となっています。

一方、良い影響もあります。北海道は気温が低く、コメやりんごの生産に適さない地域でしたが、将来の気温の上昇により、これら農作物の生産適地になることが考えられます。北海道でも現行の品種が適さなくなる恐れがあります。りんごは高温になると着色不良で赤くなりにくくなりますが、北海道で栽培すればその影響を回避することもできます。

農産物の生育には昼の長さも重要なため、気温上昇だけで栽培適地が北上するとはいえませんが、コメや野菜などは品種改良によって適応していくことができます。一方、果樹は簡単には移植できません。果樹は植え付けから収穫まで10年近くを必要としますので、将来の温暖化をみすえて栽培品種の変更など、いまから計画をたて温暖化に適応していく必要があります。

要点BOX

- ●コメなどの高温障害が発生する一方、ミカンなどの栽培適地は北上
- ●生育は日照条件にも依存し、品種改良が必要

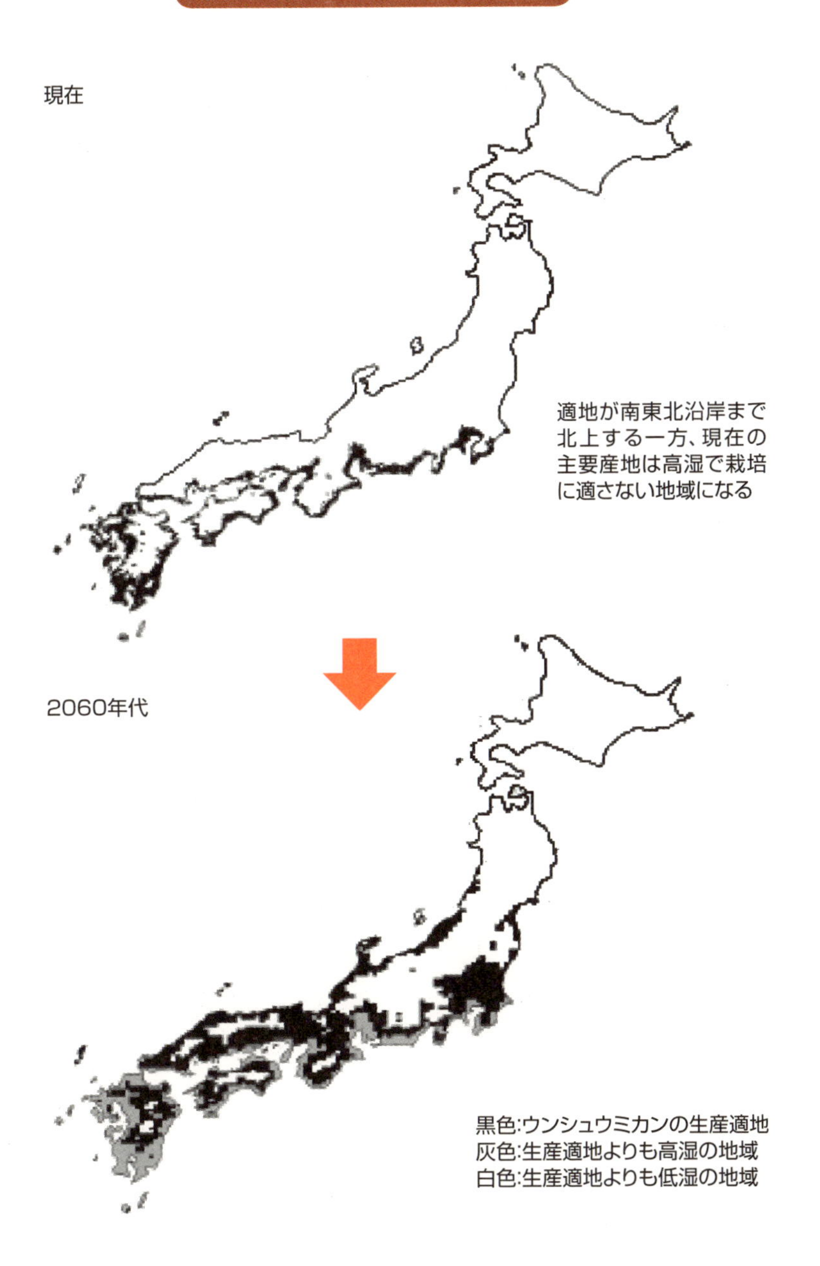

出典:杉浦俊彦「温暖化の影響が顕著な果樹生産」
地球環境研究センターニュース Vol.16 No.11(2006年2月)

Column

恐竜時代の地球環境

恐竜が闊歩（かっぽ）していた中生代はどのような地球環境だったのでしょうか。

中生代は今から約2億5000万年前から約6600万年前になります。中生代はさらに三畳紀、ジュラ紀、白亜紀に分類されます。

三畳紀（約2億5000万年前から約2億年前）には恐竜が出現しました。地上にはシダ植物や裸子植物が出現しました。ジュラ紀（約2億年前から約1億4500万年前）には恐竜が分布を広げ、次第に大型化していきました。植物は、裸子植物が次第に分布を広げ、被子植物も出現しました。白亜紀（約1億4500万年前から約6600万年前）には恐竜が繁栄していました。裸子植物やシダ類が次第に減少し、被子植物が主流となって進化し、繁栄していきました。

では、中生代のCO_2濃度はどのくらいだったのでしょうか。中生代は約2億年間ありますが、その間にCO_2濃度も変化しています。中生代の前の古生代の終わりには、現在と同程度の400ppmでした。中生代に入ってから急激に濃度が上がり、三畳紀には約4倍の約1600ppmになり。約8000万年間続いています。ジュラ紀の終わりから白亜紀はじめにかけての寒冷化した時代の中頃までに1200ppm程度にまで下がります。その後、CO_2濃度は急上昇して白亜紀前半の温暖な気候になる頃にかけて約6倍（2400ppm）にまで達します。白亜紀中期まで約2400ppmの濃度が続いた後は、産業革命前に至るまで濃度が下がり続けます。

過去の大気組成推定方法にはばらつきがあり、これらの濃度よりも低かったという結果も出ています。しかし、共通しているのは恐竜が繁栄したジュラ紀から白亜紀にかけては現在よりもCO_2濃度が高かったということです。

CO_2濃度が高く地球全体が温暖化したため、白亜紀の平均気温は現在より約10℃も高く、海面は最大200mほど上昇していたといわれています。北アメリカ大陸の中央部やコロラド高原も海底であったそうです。高いCO_2濃度と温暖化が活発な光合成をもたらし、中生代のプランクトンが原油のもととなりました。

CO_2濃度は産業革命以降上がり続けています。未来の地球の姿はどのようになるのでしょうか？

【参考文献】

- 「Earth 's global energy budget. Bull. Am. Meteorol. Soc. 90」Trenberth KE, Fasullo JT, Kiehl J、2009年
- 「IPCC第1次評価報告書」IPCC、1990年
- 「IPCC第2次評価報告書」IPCC、1995年
- 「IPCC第3次評価報告書」IPCC、2001年
- 「IPCC第4次評価報告書」気象庁訳、2007年
- 「IPCC第5次評価報告書」気象庁訳、2014年
- 「Science」Vonder Haar & Suomi、1969年
- 「地球環境研究センターニュースVol.16No.11温暖化の影響が顕著な果樹生産」杉浦俊彦、地球環境研究センター、2006年
- 「異常気象レポート2014」気象庁、2015年
- 「気候変動監視レポート2014」気象庁、2015年
- 「雪氷78巻3号」雪氷学会、2016年
- 「地球温暖化予測情報第8巻　2013」気象庁、2014年
- 「熱中症環境保健マニュアル2016」環境省、2016年
- 「平成24年4月2～3日に急発達した低気圧について」気象研究所・気象庁、2012年
- 「平成24年4月3日から5日にかけての暴風と高波」気象庁、2012年
- 「集中豪雨事例の客観的な抽出とその特性・特徴に関する統計解析」津口裕茂、加藤輝之、日本気象学会、2014年
- 「平成27年台風第18号による大雨等に係る被害状況等について(第38報)」総務省消防庁、2015年
- 「平成27年版　日本の水資源の現状」国土交通省水資源部、2016年

【参考ウェブサイト】

- 「tenki.jp」http://www.tenki.jp/
- 「気象庁」http://www.jma.go.jp/
- 「経済産業省」http://www.meti.go.jp/
- 「国土交通省」http://www.mlit.go.jp/
- 「農林水産省」http://www.maff.go.jp/
- 「トクする!防災」https://tokusuru-bosai.jp/
- 「鳥取県」http://www.pref.tottori.lg.jp/
- 「宮城県」http://www.pref.miyagi.jp/
- 「雪に埋もれた車の中は危険です」国立研究開発法人土木研究所寒地土木研究所　http://kikai.ceri.go.jp/10_download/download.html
- 「国土交通省ハザードマップポータルサイト」http://disaportal.gsi.go.jp/
- 「国土地理院の電子地形図（タイル）」http://maps.gsi.go.jp/development/ichiran.html
- 「国立環境研究所地球環境研究センター」http://www.cger.nies.go.jp/ja/
- 「政府広報オンライン」http://www.gov-online.go.jp/
- 「北の道ナビ」国立研究開発法人土木研究所寒地土木研究所　http://northern-road.jp/navi/
- 「Go雨!探知機」http://www.jwa.or.jp/service-personal/service/service-cat02/
- 「需要予測の精度向上・共有化による省エネ物流プロジェクト」http://www.jwa.or.jp/project/project463/
- 「ごはんを食べよう国民運動推進協議会」http://www.gohan.gr.jp/Q_A/02_menu/02.html

な

は

ま

や

ら・わ

索引

安野　加寿子	やすの かずこ	メディア・コンシューマ事業部
山浦　理子	やまうら みちこ	メディア・コンシューマ事業部
山口　高明	やまぐち こうめい	事業統括部
吉開　朋弘	よしかい ともひろ	防災ソリューション事業部
渡邊　茂	わたなべ しげる	環境・エネルギー事業部

編集事務局

メディア・コンシューマ事業部　広報課

小笹　將博	おざさ　まさひろ	編集事務局長
吉冨　太郎	よしとみ　たろう	
加藤　綾子	かとう　あやこ	
山浦　理子	やまうら　みちこ	
下川　弥和子	しもかわ　みわこ	

●編著者

一般財団法人 日本気象協会

●編集委員長

鈴木　靖	すずき やすし	技師長

●編集委員

櫻井　康博	さくらい やすひろ	事業統括部　部長
丹治　和博	たんじ かづひろ	防災ソリューション事業部　技術統括
松川　宗夫	まつかわ むねお	環境・エネルギー事業部　担当部長
小笹　將博	おざさ　まさひろ	メディア・コンシューマ事業部　広報課長
岡村　智明	おかむら ともあき	メディア・コンシューマ事業部　技師

●執筆者(五十音順)

石川　明弘	いしかわ あきひろ	防災ソリューション事業部
内田　良始	うちだ よしはる	関西支社
宇都宮　好博	うつのみや よしひろ	防災ソリューション事業部
岡田　牧	おかだ まき	環境・エネルギー事業部
岡村　智明	おかむら ともあき	メディア・コンシューマ事業部
小笹　將博	おざさ　まさひろ	メディア・コンシューマ事業部
乙津　孝之	おつ たかゆき	事業統括部
川村　文芳	かわむら ふみよし	北海道支社
工藤　泰子	くどう たいこ	環境・エネルギー事業部
久野　勇太	くの ゆうた	環境・エネルギー事業部
小澤　晃	こざわ あきら	メディア・コンシューマ事業部
木幡　咲英理	こわた さえり	メディア・コンシューマ事業部
櫻井　康博	さくらい やすひろ	事業統括部
佐々木　寛介	ささき かんすけ	環境・エネルギー事業部
清水　基成	しみず もとなり	防災ソリューション事業部
鈴木　靖	すずき やすし	技師長
関田　佳弘	せきた よしひろ	防災ソリューション事業部
瀬田　繭美	せた まゆみ	メディア・コンシューマ事業部
曽根　美幸	そね みゆき	メディア・コンシューマ事業部
高橋　隆啓	たかはし たかひろ	メディア・コンシューマ事業部
丹治　和博	たんじ かづひろ	防災ソリューション事業部
丹野　静花	たんの しずか	環境・エネルギー事業部
林　宏典	はやし ひろのり	環境・エネルギー事業部
平松　信昭	ひらまつ のぶあき	防災ソリューション事業部
發田　あずさ	ほった あずさ	中国支店
本間　基寛	ほんま もとひろ	防災ソリューション事業部
松浦　邦明	まつうら くにあき	防災ソリューション事業部
松川　宗夫	まつかわ むねお	環境・エネルギー事業部
松藤　絵理子	まつふじ えりこ	防災ソリューション事業部
六車　香奈子	むぐるま かなこ	四国支店
矢﨑　菜名子	やざき ななこ	メディア・コンシューマ事業部

今日からモノ知りシリーズ
トコトンやさしい
異常気象の本

NDC 451

2017年2月20日　初版1刷発行

©編者　一般財団法人日本気象協会
発行者　井水 治博
発行所　日刊工業新聞社
東京都中央区日本橋小網町14-1
(郵便番号103-8548)
電話　書籍編集部　03(5644)7490
販売・管理部　03(5644)7410
FAX　03(5644)7400
振替口座　00190-2-186076
URL http://pub.nikkan.co.jp/
e-mail info@media.nikkan.co.jp
印刷・製本　新日本印刷

● DESIGN STAFF
AD ―――― 志岐滋行
表紙イラスト―― 黒崎　玄
本文イラスト―― 小島サエキチ
ブック・デザイン― 大山陽子
（志岐デザイン事務所）

●
落丁・乱丁本はお取り替えいたします。
2017 Printed in Japan
ISBN　978-4-526-07654-1　C3034

●定価はカバーに表示してあります。